ASIEN
AUSTRALIEN
Indischer Ozean
Pazifischer Ozean
Sibirien
Himalaya
Hindukusch
Tian Shan
Kunlun Shan
Hochland von Tibet
Gobi
Altai
Ural
Arabien
Große Arabische Wüste
Hochland von Iran
Indien
Arabisches Meer
Golf von Bengalen
Rotes Meer
Kaspisches Meer
Schwarzes Meer
Barentssee
Karasee
Laptewsee
Ostsibirische See
Beringsee
Südchinesisches Meer
Ostchinesisches Meer
Japanisches Meer (Ostmeer)
Malaiischer Archipel
Sri Lanka
Philippinen
Borneo
Sumatra
Java
Celebes
Neuguinea
Tasmanien
Neuseeland
Madagaskar
Große Australische Bucht
Große Sandwüste
Große Victoriawüste
Australisches Tiefland
Australisches Bergland
Mt. Everest 8846
Mt. Kosciusko 2230
Kilimandscharo 5895
Mt. Kenia 5199
Elbrus 5642
Taimyr-Halbinsel
Kap Tscheljuskin
Neusibirische Inseln
Nowaja Semlja
Werchojansker Gebirge
Stanowoigebirge
Jablonowyj-gebirge
Mandschurei
Kasachische Schwelle
Turan
Tarimbecken
Südchinesisches Bergland
Halbinsel Malakka
Kap Comorin
Malediven
Tschagos-Inseln
Kokos-Inseln
Seychellen
Komoren
Maskarenen
St. Paul
Kerguelen
Wilkesland
Äquator
Nördlicher Polarkreis
Peking
Tokio
Delhi
Bombay (Mumbai)
Kalkutta
Madras (Chennai)
Shanghai
Hongkong
Singapur
Jakarta
Bangkok
Manila
Perth
Sydney
Melbourne
Adelaide
Brisbane
Canberra
Darwin
Teheran
Kabul
Karachi
Moskau
Kairo
Nairobi
Mogadischu
W0300197

Diercke
Erdkunde

Saarland
Gymnasium

8. Schuljahr

Moderatoren:
Erika Heit, Rilchingen-Hanweiler
Michael Ernst, Köllerbach

Autoren:
Ruwen Bubel, Blieskastel
Michael Ernst, Köllerbach
Erika Heit, Rilchingen-Hanweiler
Thomas Krämer, Heiligenwald
Ina Merkel, Saarbrücken

Einbandfoto: Der Times Square in New York

Auf verschiedenen Seiten dieses Buches befinden sich Verweise (Links) auf Internet-Adressen.
Haftungshinweis: Trotz sorgfältiger inhaltlicher Kontrolle wird die Haftung für die Inhalte der externen Seiten ausgeschlossen. Für den Inhalt dieser externen Seiten sind ausschließlich deren Betreiber verantwortlich. Sollten Sie bei dem angegebenen Inhalt des Anbieters dieser Seite auf kostenpflichtige, illegale oder anstößige Inhalte treffen, so bedauern wir dies ausdrücklich und bitten Sie, uns umgehend per E-Mail unter www.westermann.de davon in Kenntnis zu setzen, damit beim Nachdruck der Verweis gelöscht wird.

Druck A[1] / Jahr 2013
Alle Drucke der Serie A sind inhaltlich unverändert.

Verlagslektorat: Brigitte Mazzega
Herstellung: Ines Nové, Silke Albrecht, Leipzig
Umschlaggestaltung: Thomas Schröder
Druck und Bindung: westermann druck GmbH, Braunschweig

ISBN 978-3-14-**114627**-1

Globalisierung

Inhaltsverzeichnis

Zum schnellen Finden: Gewusst wie (Methoden)

M1 Südspitze von Manhattan (New York City)

Großlandschaften Nordamerikas

M1 Großlandschaften Nordamerikas

M2 Angloamerika während der letzten Kaltzeit

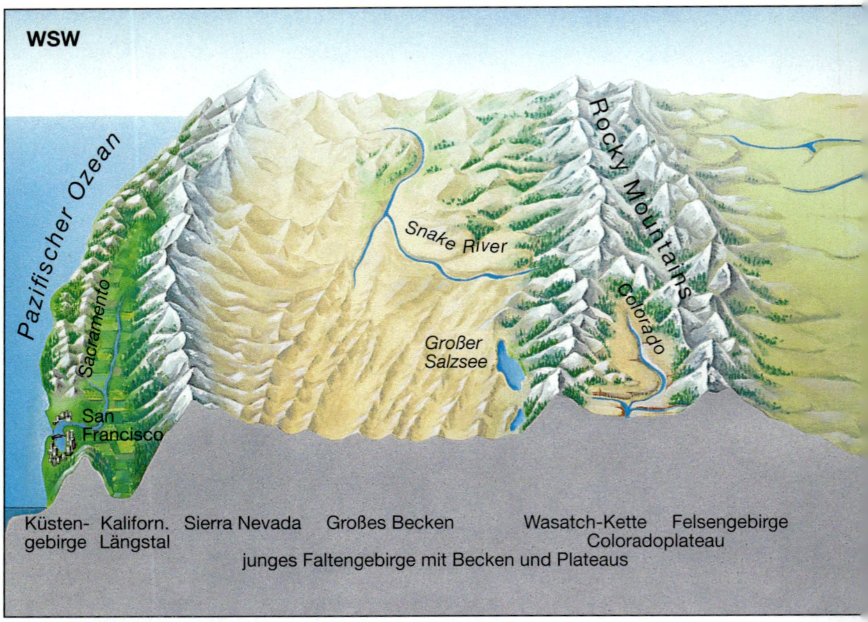

M3 Profil (Landschaftsquerschnitt) durch Nordamerika (Profillinie siehe M1)

Die Großlandschaften Nordamerikas

Schaut man sich M1 genauer an, erkennt man, dass die Oberfläche Nordamerikas relativ einfach gegliedert ist. Man unterscheidet vier Großlandschaften: den Kanadischen Schild, die Kordilleren, die Inneren Ebenen und die Appalachen.

Der Kanadische Schild

Der Kanadische Schild im Nordosten ist der erdgeschichtlich älteste Teil des Kontinents. Er besteht aus stark abgetragenen Oberflächenformen. Er erstreckt sich vom Nordpolarmeer bis zu den Großen Seen.

Sein Aussehen ähnelt dem Landschaftsbild Nordeuropas. Oberflächenformen, wie **Rundhöcker** und **Trogtäler**, sind Zeugen der eiszeitlichen Überprägung.

Die Kordilleren

Die Kordilleren bestehen aus von Norden nach Süden parallel verlaufenden Hochgebirgsketten. Zwischen diesen Gebirgsketten findet man ausgedehnte hochliegende Plateau- und Beckenlandschaften. Den Westrand der Kordilleren bilden die Küstenketten und das Küstengebirge. Im Osten befinden sich die Rocky Mountains (Felsengebirge), ein stark gegliedertes Gebirgsmassiv mit Höhen bis zu 5000 m.

Die Flüsse haben sich mit tiefen Tälern in das Gestein eingeschnitten. Der Grand Canyon ist eines der bekanntesten Täler im Coloradoplateau.

AUFGABEN

1 **Erstelle eine Faustskizze Nordamerikas, in die du die Großlandschaften, die bedeutendsten Flüsse sowie einige markante Städte einträgst.**

2 **Zeichne ein Profil von San Francisco nach Philadelphia (Atlas).**

3 **Vergleiche die Lage und Ausdehnung der USA mit Europa.**

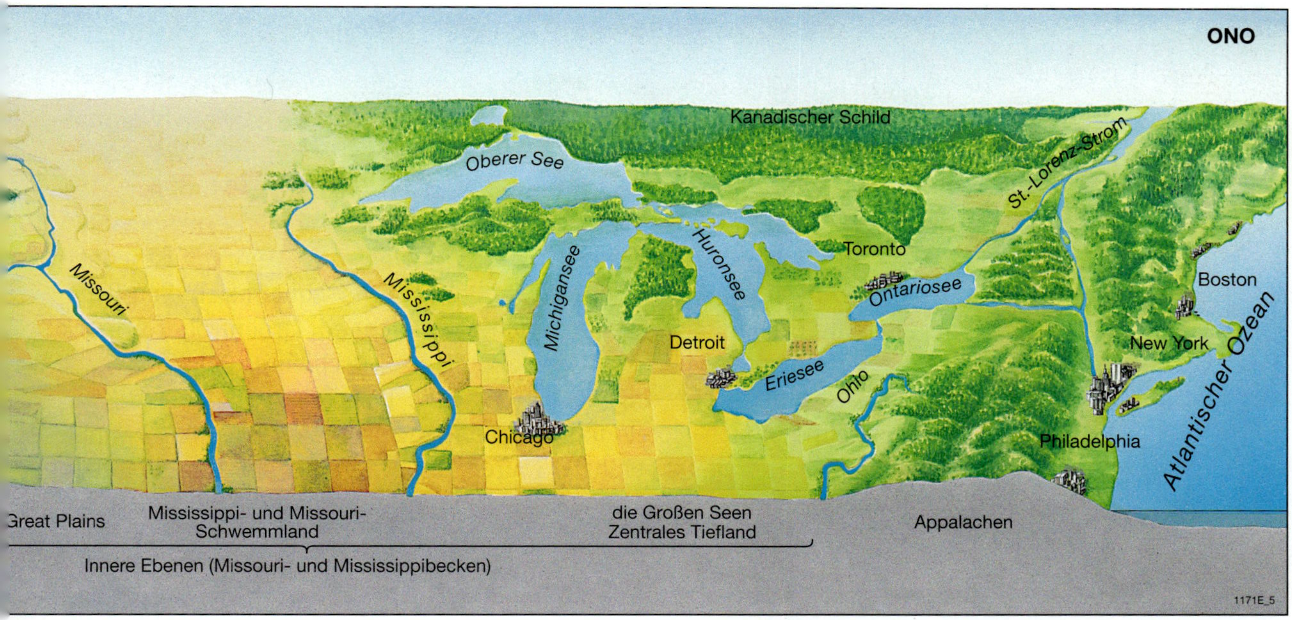

Die Inneren Ebenen
Die Inneren Ebenen werden im Westen von den Rocky Mountains und im Osten von den Appalachen begrenzt. Sie bestehen aus weitgespannten Plateaus und Schichtstufenlandschaften.
Von 300 m im Osten steigen die Inneren Ebenen allmählich bis 1500 m im Westen an. Man unterteilt sie in das Gebiet der Great Plains im Westen und das Gebiet des zentralen Tieflandes im Osten. Als Great Plains wird das flachwellige Hügelland westlich des Mississippi bezeichnet, das ursprünglich von Grassteppen bedeckt war. Das Mississippi-Missouri-Flusssystem lagert jährlich Millionen Tonnen Gesteinsmaterial ab. Auf diese Weise wächst das Delta (siehe auch Info S. 46) in den Golf von Mexiko hinein. Der Fluss hat sich dort aufgrund des geringen Gefälles weit verzweigt, das Land zu beiden Seiten des Ufers überschwemmt und Material abgelagert. Nördlich des zentralen Tieflandes schließt sich das Gebiet der Großen Seen an.

Die Appalachen
Dieses Mittelgebirge liegt im Osten der USA. Es verläuft von Neufundland im Norden bis Alabama im Süden, wo es 2200 m Höhe erreicht. Die Appalachen fallen auf ihrer östlichen Seite erst allmählich und dann steil zum Küstentiefland ab. Die Grenze zwischen den Appalachen und dem Küstentiefland wird als „Fall Line“ bezeichnet. Diese Linie entsteht durch das tiefe Einschneiden der Flüsse. Dabei bilden sich viele Wasserfälle und Stromschnellen. Hier wurden häufig Wasserkraftwerke und Staudämme errichtet.

INFO

Rundhöcker

Gestein, das vom Gletschereis zu stromlinienförmigen Körpern verformt wurde.

Trogtal

(auch U-Tal genannt); es wurde vom Gletschereis so ausgeräumt, dass im Profil die Form eines U zu erkennen ist.

Great Lakes

Die fünf Großen Seen (Great Lakes) liegen an der Staatsgrenze der USA und Kanadas. Sie bilden zusammen einen der größten Süßwasserspeicher auf der Erde. Die Wasserspiegel der Seen liegen verschieden hoch.
Den Höhenunterschied zwischen Erie- und Ontariosee überwindet der Niagarafluss bei den 50 m hohen Niagarafällen.

Der Grand Canyon Nationalpark

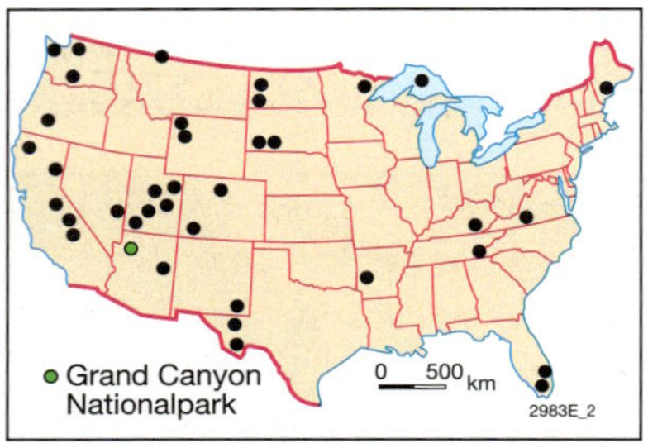

M1 Nationalparks in den USA

Eine Touristenattraktion

Viele Millionen wollen jährlich Landschaften wie den Grand Canyon erkunden. Zum Schutz der Natur wurden seit 1872 viele **Nationalparks** eingerichtet. Hier dürfen Touristen bestimmte Wege nicht verlassen, um die Pflanzen- und Tierwelt nicht zu gefährden.
Im Grand Canyon Nationalpark sind inzwischen die Besucherzahlen auf fünf Millionen festgelegt worden. Der große Andrang ist jedoch verständlich. „Im schönsten Tal der Erde" erschließt sich dem Besucher besonders im Morgen- und Abendlicht ein farbenfroher Anblick auf die viele Millionen Jahre alten Gesteinsschichten.
Das touristische Angebot ist vielfältig. Im „Grand Canyon Village" befinden sich Hotels und ein Campingplatz. Die Besucher können mit Parkrangern geführte Touren bis tief in das Tal zum Colorado unternehmen oder bei einem Hubschrauberrundflug über den fast 500 km langen und bis zu 30 km breiten Canyon die schöne Aussicht genießen. Im „Visitor Center" erfährt man, dass das Colorado-Plateau durch innere Kräfte vor etwa 10 Mio. Jahren herausgehoben wurde. Seitdem schneiden sich der Colorado und seine Nebenflüsse durch die Gesteinsschichten. Auch die großen Temperaturunterschiede zwischen Tag und Nacht in dieser Region führen durch Spannungen in den Steinen zu Absprengungen und tragen so zur

WWW

www.nps.gov/grca
www.grandcanyonlodges.com
www.explorethecanyon.com

INFO

Der Grand Canyon in Zahlen

Tiefe: bis zu 1600 m
Colorado-Fluss:
- 2334 km lang
- über 100 Stromschnellen
- „Erosionsgeschwindigkeit": 17 cm in 1000 Jahren

Entstehungsbeginn des Canyons: vor etwa 10 Mio. Jahren
älteste sichtbare Gesteine: 1,7 Mrd. Jahre alt
Besiedlung: seit 4000 Jahren, 1540 „entdeckt" vom spanischen General Garcia Lopez de Gardenas

erste Touristen:	1880
erstes Hotel:	1892
erstes Luxushotel:	1905
erste Eisenbahnlinie:	1904
als Waldreservat unter Schutz gestellt:	1893
Nationalpark-Status:	1919

M2 Blick in das Tal des Colorados im US-Bundesstaat Arizona

M3 Der Hoover-Staudamm im Colorado

Verwitterung des Gesteins bei. Die zerkleinerten Gesteine werden teilweise vom Colorado abtransportiert. Durch diese über Jahrmillionen ablaufenden Prozesse konnte das „große Tal", der Grand Canyon, entstehen.

AUFGABEN

1 **Beschreibe die Lage des Colorado-Plateaus und des Grand Canyons (Atlas, Google-Earth).**

2 **a) Berichte über die touristische Erschließung des Grand Canyons.**
b) Erkunde im Internet das touristische Angebot im Grand Canyon Nationalpark.

3 **Erläutere die Entstehung des Grand Canyons (M4).**

4 **Beschreibe die Schichtfolge der Gesteine im Grand Canyon (M5).**

5 **Erstelle einen Steckbrief zu einem Nationalpark deiner Wahl (M1).**

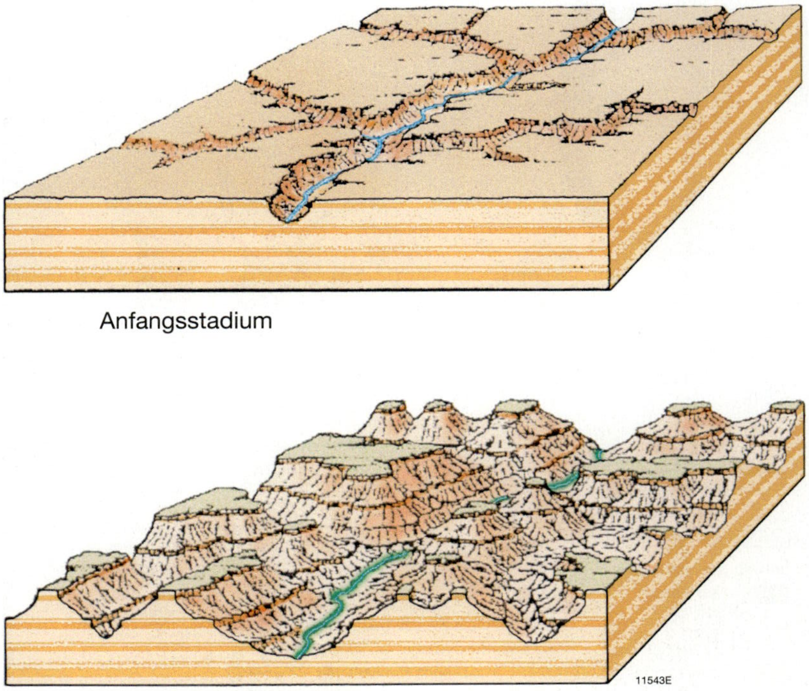

M4 Canyonbildung

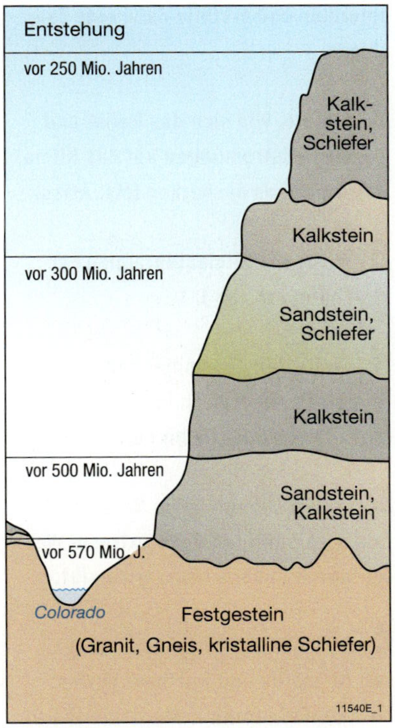

M5 Schichtfolge im Grand Canyon

Klimazonen Nordamerikas

INFO

Pflanzen- und Tierwelt

Am Nordrand des Kontinents ersteckt sich ein Tundragürtel mit niedrigen Sträuchern, Flechten und Gräsern. Lemminge und wandernde Karibus teilen sich den Lebensraum mit Bären, Wölfen und Füchsen.
In der gemäßigten Zone befinden sich ausgedehnte Wälder. An der Pazifikküste findet man riesige Mammutbäume, außerdem kommen Tannen, Ahorn, Eschen und Eichen vor. In den Wäldern leben Elche und Hirsche, Bären, Luchse und Biber.
Im Südosten gedeihen im subtropischen Klima immergrüne Hartlaubgewächse.
Im Landesinneren breiten sich riesige Steppen aus (Prärien).

AUFGABEN

1 **Beschreibe die Anordnung der Klima- und Vegetationszonen Nordamerikas und erstelle dazu eine Faustskizze.**

2 **Erkläre, wie sich das Relief und die Meeresströmungen auf das Klima Nordamerikas auswirken (M1, Atlas).**

3 **Werte die Klimadiagramme vergleichend aus (M3).**

4 **Stelle den Zusammenhang von Klima und Vegetation in Nordamerika mithilfe von Beispielen dar.**

5 **Erkläre, warum es in Nordamerika in der gemäßigten Zone extreme Wetter- und Klimaerscheinungen gibt.**

6 **Berichte über die Auswirkungen von Blizzards und Northers in den letzten fünf Jahren in Nordamerika (Internet).**

Klimazonen

Der größte Teil Nordamerikas besitzt wie Europa gemäßigtes und subtropisches Klima. Ein Blick auf die Klimakarte Nordamerikas zeigt auch eine ähnliche Abfolge der Klimazonen. Ein großer Teil der in der gemäßigten und subtropischen Zone gelegenen Räume weist Merkmale des Kontinentalklimas auf. Zwischen dem Küstengebirge im Westen und 100° westlicher Länge herrscht Trockenheit.
Durch die von Norden nach Süden verlaufenden Gebirgsketten wird die vom Westen kommende feuchte Meeresluft daran gehindert, in das Innere des Kontinents vorzudringen (Leelage). Sie gibt ihre Feuchtigkeit bereits beim Aufsteigen an den Küstengebirgen ab (Luvlage). Es kommt zu Steigungsregen.
Für die USA sind plötzliche Wetterwechsel typisch. Häufig hört man Meldungen über ungewöhnlich starke Niederschläge – als Schneestürme im Winter und als Sturzregen im Sommer.
Auch heftige Temperaturschwankungen und schwere Stürme, wie zum Beispiel Tornados, sind im Landesinneren keine Ausnahmeerscheinungen.

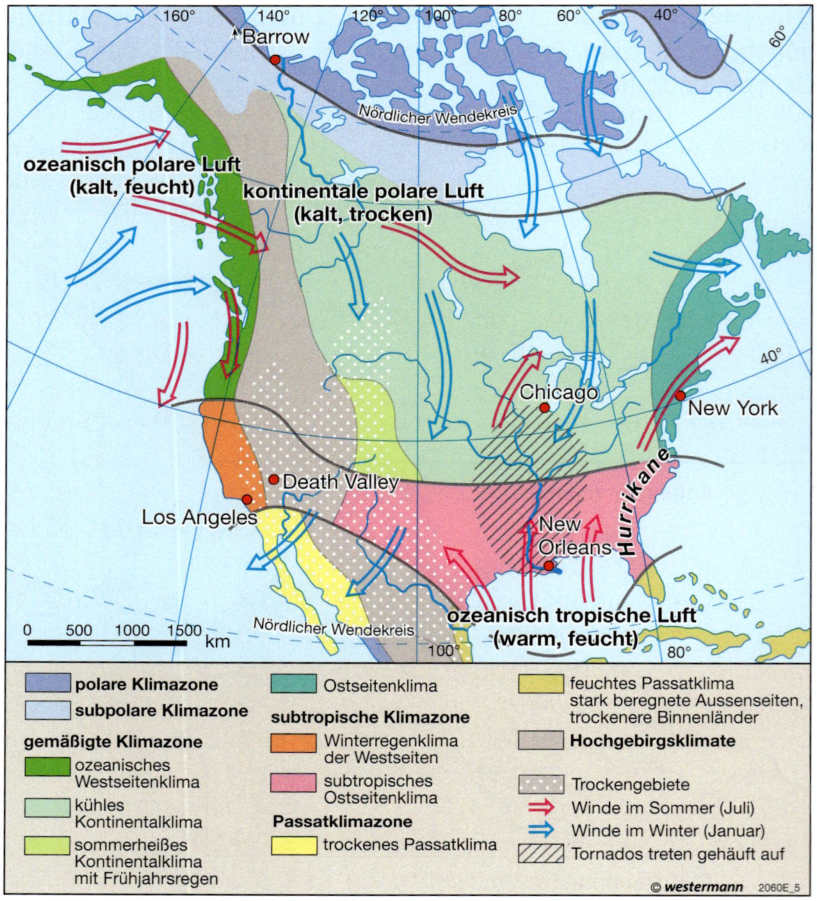

M1 Nordamerika: Niederschläge, Winde

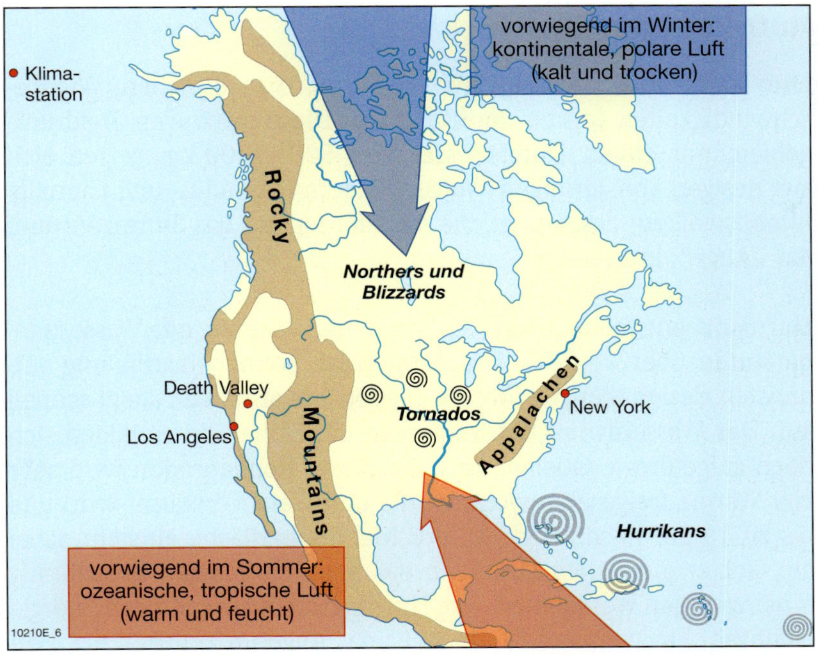

M2 Wetter- und klimabestimmende Luftmassen und Stürme

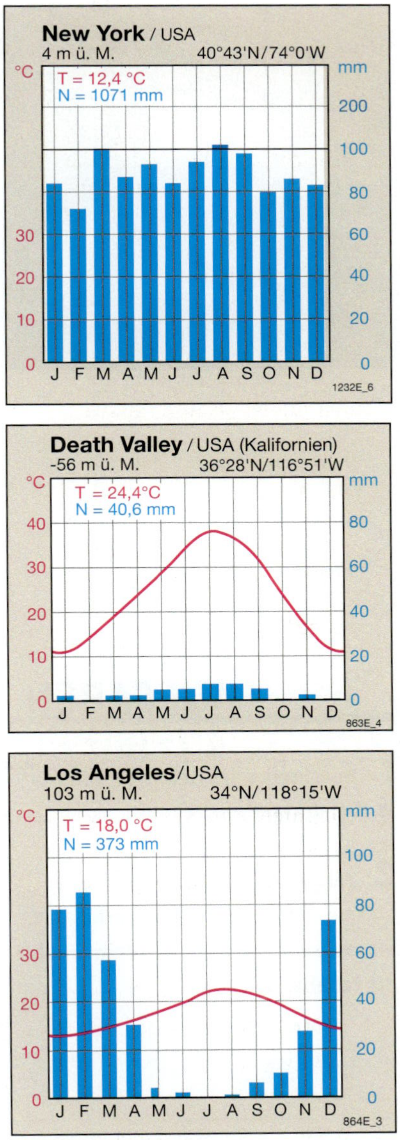

M3 Klimadiagramme

Klimaextreme

Obwohl wir uns in Mitteleuropa in der gleichen Klimazone befinden wie der größte Teil Nordamerikas, ist das Klima in Europa und Nordamerika nicht identisch. Neapel und New York haben eine annähernd gleiche Breitenlage, liegen aber in verschiedenen Klimazonen.

Immer wieder gibt es in den USA extreme winterliche Kaltlufteinbrüche (**Northers**) mit Schneestürmen (**Blizzards**) und sommerliche Hitzewellen. Es stellt sich also die Frage, warum das Klima in Nordamerika anders ist als bei uns.

In Mitteleuropa verlaufen die meisten Gebirge in West-Ost-Richtung. Die arktische Luft kommt vorwiegend über den Atlantik nach Europa. Der Nordatlantik und die Nordsee sind durch den Golfstrom relativ warm. Dadurch erwärmt sich die Polarluft und beeinflusst somit „gemildert“ den europäischen Raum.

In Amerika verlaufen die Gebirge in Nord-Süd-Richtung. Die Höhenzüge der Rocky Mountains verhindern, dass ausgleichend wirkende ozeanische Luftmassen ins Innere des Landes gelangen.

Von Norden können jedoch arktische Luftmassen ungehindert weit nach Süden – mitunter bis zum Golf von Mexiko – vordringen. Die arktische Kaltluft strömt über die ausgekühlte Landfläche Kanadas direkt nach Süden und kann sich dabei nicht erwärmen. Im Sommer können hingegen heiße Luftmassen ebenso ungehindert aus dem Süden weit nach Norden vordringen. In Kanada zeigen die Thermometer dann Rekordwerte von 35 °C an.

M4 Blizzard

Wirbelstürme Nordamerikas

M1 Satellitenbild eines Hurrikans

Hurrikans und ...

Hurrikans sind tropische Wirbelstürme. Sie erreichen Windgeschwindigkeiten von bis zu 300 km/h. Diese mächtigen Tiefdruckgebiete mit einem Durchmesser von 500–1000 km setzen sich aus riesigen kreisförmigen Wolkenbändern (Cumulus- und Cumulonimbuswolken) zusammen, die spiralförmig um das Sturmzentrum, das „Auge", kreisen.

Hurrikans entstehen immer über warmen Meeren mit Wassertemperaturen über 26,5 °C. Durch intensive Sonneneinstrahlung verdunsten riesige Mengen Wasser. Die feuchtwarme Luft steigt schnell auf. Der Wasserdampf kondensiert in der Höhe und es bilden sich hoch aufgetürmte Quellwolken. Bei dieser Kondensation wird sehr viel Wärme freigesetzt, wodurch die Luft weiter erwärmt wird und bis zu 15 km hoch steigt. An der Meeresoberfläche entsteht dabei ein Gebiet mit tiefem Druck, in das neue Luftmassen spiralförmig hineingesogen werden und dem Hurrikan fortwährend neue Energie zuführen. Ein typisches Merkmal ist das Auge im Zentrum des Wirbels, eine wolkenfreie, fast windstille Zone mit einem Durchmesser von 15 bis 50 km.

Hurrikans bilden sich vorwiegend im Spätsommer und Herbst zwischen 10° und 20° nördlicher Breite im westlichen Atlantik, in der Karibik und im Golf von Mexiko, niemals in Äquatornähe. Sie ziehen in gebogener Bahn mit einer Geschwindigkeit von 15–50 km/h über die Karibische See in Richtung Südoststaaten der USA. Treffen die Wirbel schließlich auf die Küstengebiete auf, schwächen sich die Hurrikans ab. Dennoch reicht die Energie noch aus, um verheerende Schäden und Überschwemmungen anzurichten. Im Landesinneren treten jedoch keine Hurrikans auf.

AUFGABEN

1 **Beschreibe die Gefahren, die von Wirbelstürmen ausgehen.**

2 **Vergleiche die beiden Wirbelstürme nach Entstehung, Merkmalen und Auswirkungen. Stelle dein Ergebnis tabellarisch dar.**

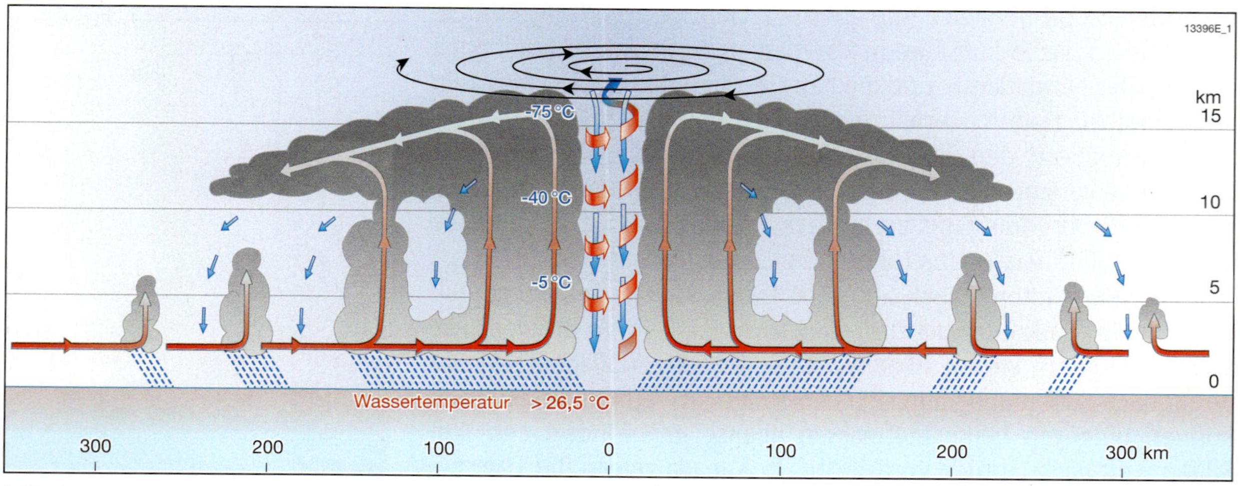

M2 Querschnitt durch die Luftschichten eines Hurrikans

... Tornados

Tornados sind festländische, wandernde Wirbelstürme. Sie bilden sich entlang von Kaltfronten, an denen trockenkalte Luftmassen aus dem Norden mit feuchtwarmen Luftmassen aus dem Süden zusammentreffen. Zeitlich treten daher Tornados vorwiegend im Frühjahr und Sommer in den Inneren Ebenen auf.
Durch intensive Sonneneinstrahlung und starke Erwärmung der bodennahen Luft steigt diese auf und durchbricht die Trennschicht zur darüber liegenden Kaltluft. Der untere Teil der aufströmenden Luft wird in Rotation versetzt. Es bildet sich ein Wolkenschlauch, der sich bis zur Erdoberfläche senkt. In diesem wenige Hundert Meter breiten Aufwindschlauch, dem „Rüssel", treten mit bis zu 500 km/h die höchsten auf der Erde gemessenen Windgeschwindigkeiten auf. In seinem Zentrum, dem Auge, herrscht ein extremer Unterdruck, der Gebäude explosionsartig bersten lässt.

M5 Ein Tornado berührt den Boden.

F-Stufe	Bezeichnung	Wind in km/h	Beschreibung
F0	Sturmtornado	64–116	Äste brechen, flach wurzelnde Bäume kippen um
F1	mäßiger Tornado	117–180	Autos werden weggeschoben, Dächer werden abgedeckt
F2	starker Tornado	181–251	Entwurzelung großer Bäume, Holzhäuser werden zerstört
F3	verwüstender Tornado	252–330	Züge werden umgeworfen, Häuserwände werden zerstört
F4	vernichtender Tornado	331–416	Häuser werden völlig zerstört, Autos fliegen durch die Luft
F5	verheerender Tornado	417–510	Autos fliegen mehr als 100 m weit, Bäume werden entrindet

M3 Die Fujita-Skala (Stärke der Tornados)

M4 Folgen eines Tornados

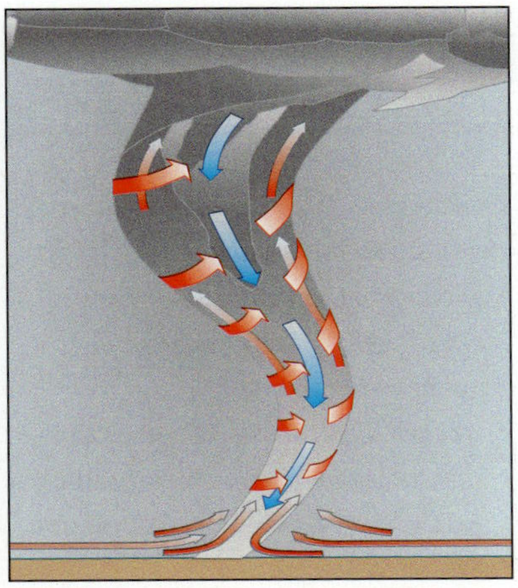

M6 Querschnitt durch die Luftschichten eines Tornados

Ein Experiment durchführen

INFO

Experiment

Das Experiment ist eine Forschungsmethode der Wissenschaften. Führt man ein naturwissenschaftliches Experiment durch, dann stellt man gewissermaßen eine Frage an die Natur, die mithilfe des Experiments entweder positiv oder negativ beantwortet werden kann.

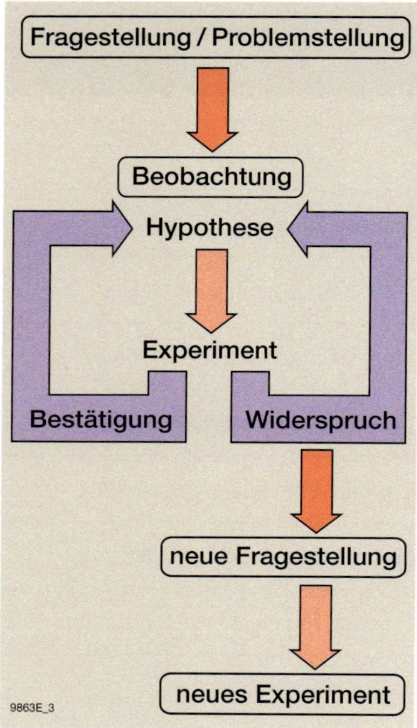

M1 Ablauf eines Experiments

AUFGABE

1 **Führe die Experimente durch und werte sie aus. Beobachte**
- **wie sich bei der Entstehung eines Hurrikans die Farbe im Wasser ausbreitet;**
- **was passiert, wenn du beim Experiment „Anheben des Meeresspiegels während eines Hurrikans" am Schlauch saugst und**
- **was passiert, wenn du die Glasschüssel herausnimmst.**

Experimente zu Tornado und Hurrikan

Ablauf eines Experiments

So gehst du vor:

1. Beobachtung
Ausgehend von einer Erscheinung in unserer Umwelt wird eine Frage formuliert, deren Antwort das Experiment erklären soll.

2. Aufstellen einer Hypothese
Beim Nachdenken über die Beobachtung stellt man erste Vermutungen über den Verlauf und das Ergebnis des Experiments an. Formulieren einer Vermutung über den Ausgang des Experiments.

3. Auswertung
Die Hypothese wird durch das Experiment entweder bestätigt oder widerlegt.

Experiment – die Entstehung eines Tornados
Benötigte Materialien:
Mineralwasser mit Kohlensäure, drehbare Tortenplatte, Schere, Klebeband, Salz, hohes Trinkglas.
Durchführung:
1. Stelle das Trinkglas in die Mitte der drehbaren Tortenplatte. Befestige es mit Klebeband.
2. Fülle das Mineralwasser ins Glas. Gieß es nicht ganz voll.
3. Drehe jetzt die Tortenplatte und gib eine Prise Salz ins Glas.

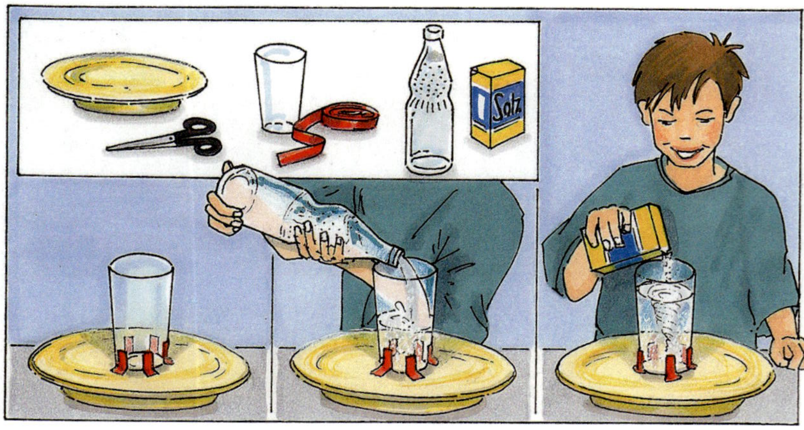

M2 Entstehung eines Tornados

Experiment – die Entstehung eines Hurrikans
Benötigte Materialien:
Pipette, Glasschüssel, Lebensmittelfarbe, lauwarmes Wasser, Löffel.
Durchführung:
1. Fülle das lauwarme Wasser in die Schüssel. Je größer die Schüssel ist, desto besser kannst du das Experiment durchführen.
2. Rühre das Wasser vorsichtig um, bis es sich langsam im Kreis bewegt.
3. Gib ein paar Tropfen Lebensmittelfarbe in die Mitte der Schüssel.

M3 Entstehung eines Hurrikans

Experiment – Meeresspiegelanstieg während eines Hurrikans
Benötigte Materialien:
Glasschüssel, zwei Tassen, große Plastikschüssel, Wasser, Schlauch.
Durchführung:
1. Fülle die große Plastikschüssel zur Hälfte mit Wasser. Stelle die beiden Tassen verkehrt herum ins Wasser. Lege jetzt die Glasschüssel so hinein, dass ihr Rand unter der Wasseroberfläche ist.
2. Drücke ein Ende des Schlauches zusammen und stecke es in den Luftraum der Glasschüssel. Sauge am Schlauch.
3. Entferne den Schlauch und hebe die Glasschüssel aus dem Wasser.

M4 Anheben des Meeresspiegels während eines Hurrikans

INFO

Tropische Wirbelstürme

Naturkatastrophen sind außergewöhnliche Naturereignisse, die große negative Auswirkungen auf das Leben und Wirtschaften der Menschen haben.
Zu den Naturkatastrophen, die in der Lufthülle (Atmosphäre) der Erde auftreten, zählen auch die tropischen Wirbelstürme. Sie treten in verschiedenen Regionen der Erde auf und tragen unterschiedliche Namen:
- Hurrikan (Karibik),
- Taifun (Südostasien),
- Willy-Willies (Australien),
- Zyklon (Golf von Bengalen).

Jeder tropische Wirbelsturm zeigt einen charakteristischen Aufbau:

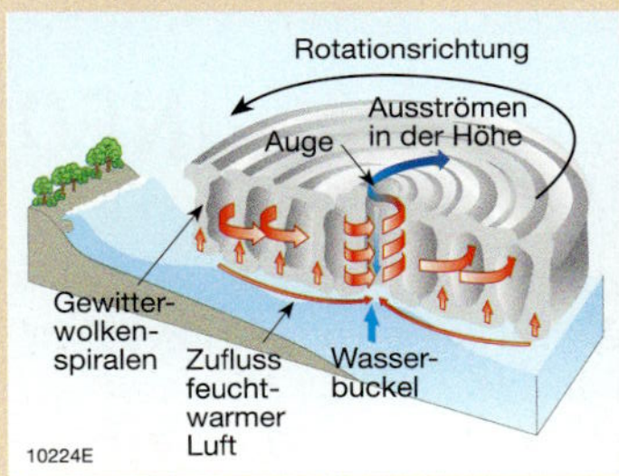

AUFGABEN

2 Erkläre, warum die tropischen Wirbelstürme zu den Naturkatastrophen auf unserer Erde zählen.

3 Informiere dich über die Verbreitung der tropischen Wirbelstürme auf der Erde (Internet).

Nordamerika – Entdeckung und Besiedlung

M1 Die Vereinigten Staaten von Amerika – politische Entwicklung

INFO

USA in Zahlen

Fläche: 9,8 Mio. km² (ungefähr 27-mal so groß wie Deutschland)
Einwohner: 314,2 Mio. (2012; fast 4-mal so viel wie Deutschland)
Hauptstadt: Washington, D.C. (ca. 0,6 Mio. Einw.)
wirtschaftliche Leistung: pro Einwohner 49 922 US-$ im Jahr (2012; Deutschland 41 513 US-$)

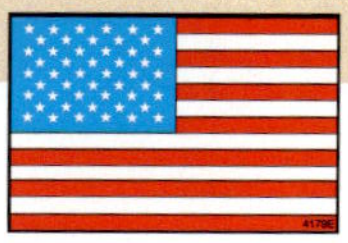

Europäer kommen nach Nordamerika

Eine erste Besiedlung Amerikas erfolgte schon vor über 20 000 Jahren. Dort, wo heute die Beringstraße Asien und Amerika trennt, gab es damals eine Landbrücke. Über diese wanderten Jäger, Sammler und Ackerbauern aus Sibirien nach Amerika ein. Vor ungefähr 1000 Jahren kamen dann die ersten Europäer nach Amerika. Es waren Wikinger, die von Grönland aus mit ihren Schiffen zu den Küsten Neufundlands und Neuschottlands vorstießen und sich dort zeitweise ansiedelten.

Rund 500 Jahre später landete Kolumbus 1492 auf den Mittelamerika vorgelagerten Inseln. Da Kolumbus meinte, in Indien zu sein, bezeichnete er die Bewohner als Indianer, eine Bezeichnung, die später auf alle Ureinwohner des neu entdeckten Kontinents übertragen wurde.

Mit der Entdeckung Amerikas begann zugleich die gewaltsame Eroberung, Missionierung und Ausbeutung der „Neuen Welt“. Sie führte zum Untergang alter Indianerkulturen wie die der Inkas und der Azteken. Bevor die Weißen kamen, lebten in Nordamerika etwa eine Million Menschen. Sie gehörten 500 verschiedenen Völkern mit jeweils eigener Kultur an.

Näher entdeckt wurde der Kontinent erst durch Amerigo Vespucci. Dieser italienische Seefahrer überquerte im Auftrag des spanischen Königs mehrmals den Atlantik und erkundete die Ostküste Amerikas. Im Norden soll er bis zum Sankt-Lorenz-Golf vorgestoßen sein. Ihm verdankt Amerika seinen Namen. An Kolumbus erinnern geographische Bezeichnungen wie Kolumbien, Columbiaplateau und British Columbia.

AUFGABEN

1 Benenne die Nachbarstaaten der USA und die angrenzenden Gewässer.

2 Recherchiere im Internet und erstelle eine Info-Box „Kanada in Zahlen“.

Landverteilung im Gitternetz

Besonders der Bau der überregionalen Eisenbahnlinien trug zur raschen Besiedlung bei. Landnahme und Besiedlung des Westens erfolgten zunächst ohne Planung. Erst nach dem Bürgerkrieg (1861) wurde das Land vermessen. Ohne Rücksicht auf das **Relief** wurde das Land schachbrettartig in „Townships“ und „Sections“ aufgeteilt. Jeder US-amerikanische Staatsbürger hatte das Recht, eine „Homestead“ zu erwerben. Sie entsprach einem Viertel der Section und umfasste 65 ha. Das Land ging endgültig in den Besitz des Siedlers über, wenn er fünf Jahre dort gewohnt, das Feld bestellt und 30 US-Dollar bezahlt hatte.

AUFGABEN

3 **Beschreibe die Entdeckung und Erschließung Nordamerikas (M2, Atlas).**

4 **Erläutere das System der quadratischen Landaufteilung (M3, M4).**

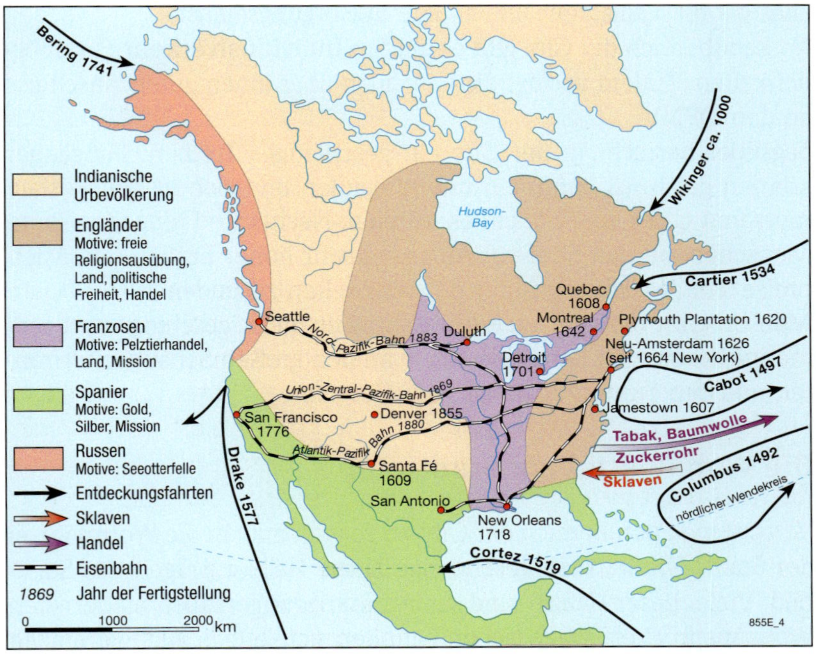

M2 Nordamerika – Entdeckung und Erschließung um 1750

M3 Luftbild – quadratische Landaufteilung

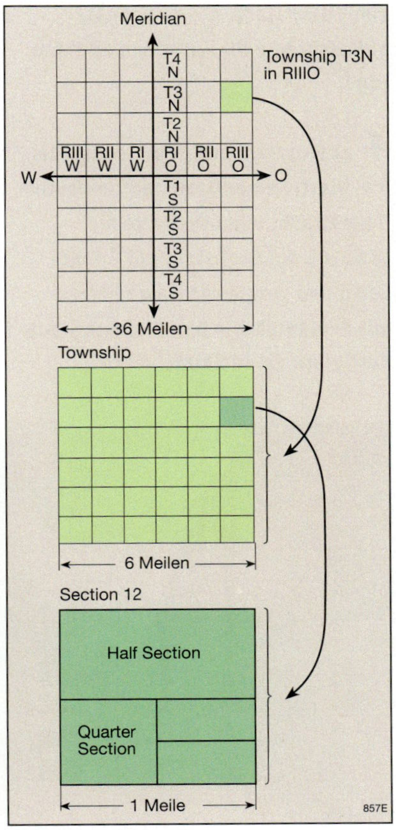

M4 Landverteilung im Gitternetz

Deutsche Stadtviertel und ihre Nutzung

M1 Fußgängerzone in der City

AUFGABEN

1 **Zähle Einrichtungen in der City auf.**

2 **Nenne Gründe für die Ausweisung von Fußgängerzonen in der City.**

3 **a) Ermittle verschiedene Viertel in einer Großstadt, die du kennst.**
b) Beschreibe ihr Aussehen und ihre Lage.

4 **a) Skizziere aus dem Gedächtnis die Viertel einer Großstadt in deinem Heimatraum und beschrifte sie.**
b) Suche die Großstadt auf Google Earth und vergleiche deine Skizze mit dem tatsächlichen Bild der Stadt. Korrigiere deine Skizze.

M2 Wohnstraße am Rand der City

Die City – das Zentrum einer Großstadt

Großstädte gliedern sich in unterschiedlich genutzte **Stadtviertel.**
Wenn die Bewohner aus den Gemeinden des Umlandes in die „Stadt" fahren, so meinen sie damit in der Regel die **City**. Hier befinden sich die meisten Einkaufsmöglichkeiten; hier pulsiert das städtische Leben am stärksten. Auch findet man hier wichtige Gebäude wie zum Beispiel das Rathaus, Kaufhäuser mit einem vielfältigen Angebot, Banken, Versicherungen, Büros sowie Anwalts- und Arztpraxen. Viele Citys haben eine **Altstadt** mit historischen Gebäuden. Um das Stadtzentrum vom Straßenverkehr zu entlasten, hat man in den meisten Städten Fußgängerzonen eingerichtet, in denen nur der Lieferverkehr in den frühen Morgenstunden die Geschäfte mit Waren beliefern darf. Ähnliches gilt für Müllabfuhr und andere Entsorgungsdienste.
Im Randbereich der City gibt es für den **Individualverkehr** Parkmöglichkeiten. Zudem verfügt die City auch über einen guten Anschluss an den **ÖPNV**.
Tagsüber herrscht in der City ein geschäftiges Treiben, Fußgänger können gefahrlos bummeln und einkaufen und sich in den Restaurants und Cafés vom Einkaufen erholen. Nachts sind hingegen kaum Menschen auf den Straßen. Aufgrund sehr hoher Boden- und Mietpreise sind Wohnungen hier nur sehr selten zu finden.
Man erkennt die City weiterhin an ihrer meist geschlossenen und mehrgeschossigen Bauweise sowie an den großen Schaufensterfronten und den bunten Reklamen der Geschäfte.

Die Wohnviertel am Stadtrand

Verlässt man den Bereich der City, so gelangt man in die **Wohnviertel** der Stadt. Große, mehrgeschossige ältere Häuser prägen das Stadtbild. Viele dieser Häuser sind saniert und genügen auch modernsten Wohnansprüchen. Dazwischen befinden sich jedoch auch vereinzelt Gewerbebetriebe, Gaststätten sowie Parks und Grünanlagen.

Die Vororte

Je weiter man sich vom Stadtzentrum entfernt, desto lockerer wird die Bebauung. In den Vororten finden sich Ein- und Mehrfamilienhäuser mit Gärten, aber auch teilweise Hochhäuser. Sie wurden errichtet, als immer mehr Menschen aus der Stadt in die Vororte umzogen. Entlang der Hauptverkehrsstraßen wurden Supermärkte und Einkaufszentren mit großen Parkplätzen angelegt, in denen die Menschen ihre benötigten Waren (z. B. Lebensmittel, Kleidung, Möbel usw.) einkaufen können. Am Stadtrand hat die Stadtverwaltung spezielle **Industrie- und Gewerbeviertel** ausgewiesen. Diese liegen verkehrsgünstig in der Nähe von Autobahnausfahrten, damit der Lkw-Verkehr nicht durch Wohngebiete führt.

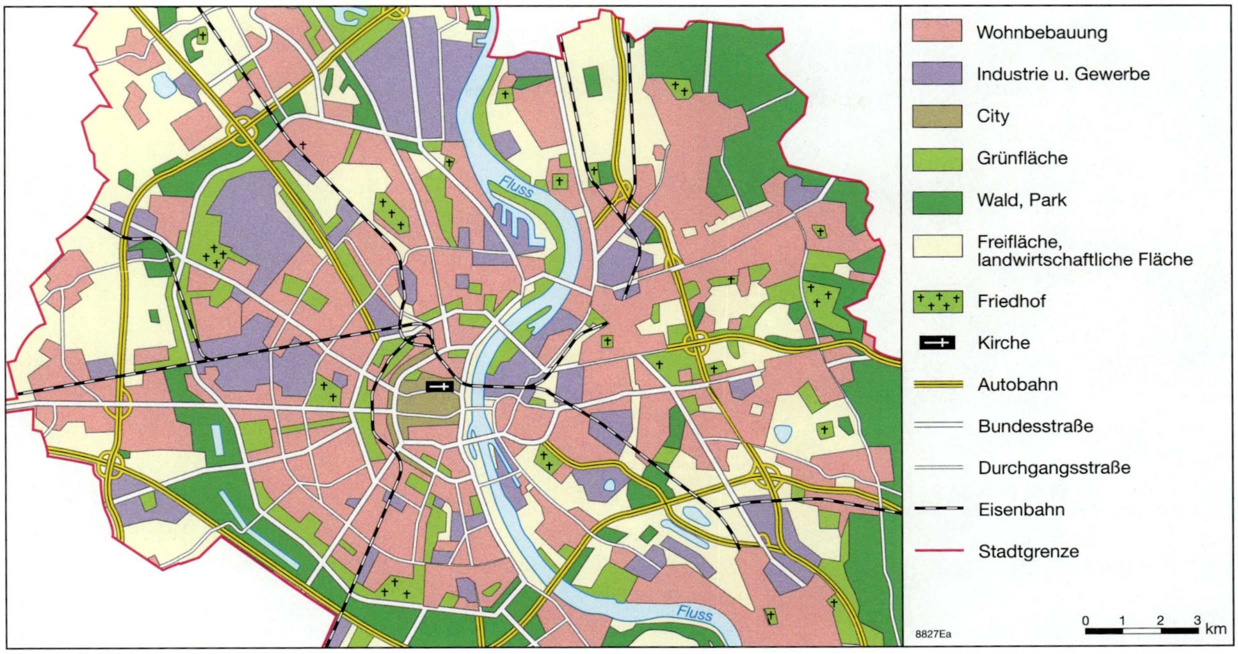

M3 Flächennutzung einer Großstadt

Die Bedeutung der Stadt für ihr Umland

Die Stadt spielt im Leben der Menschen in den Umlandgemeinden eine zentrale Rolle. Da es im Umland kaum Arbeitsplätze in der Industrie gibt, fährt ein Großteil der Einwohner aus dem Umland täglich als **Pendler** in die Stadt, um dort zu arbeiten.
Auch in der Freizeit nehmen viele Menschen das Angebot der Stadt wahr und besuchen Kinos, Theater, Museen oder nutzen andere Freizeitangebote.
Die Stadt verfügt über ein sehr differenziertes Angebot an Dienstleistungen wie zum Beispiel spezielle Geschäfte für Bekleidung, Elektroartikel, Bücher, aber auch Fachärzte, Krankenhäuser sowie weiterführende Schulen und Universitäten. Daher besitzt die Stadt über ihre Grenzen hinaus eine zentrale Bedeutung für ihr Umland. Man bezeichnet Städte somit als **zentrale Orte.** Städte versorgen die Bevölkerung nicht nur mit Waren und Dienstleistungen, die man täglich benötigt, wie zum Beispiel Brot und Milch, sondern auch mit Dingen, die man mittel- oder langfristig benötigt, wie zum Beispiel Bekleidung, Schmuck, Elektroartikeln und Bildungsangeboten.
So unterscheidet man die Städte in **Unter-**, **Mittel-** und **Oberzentren,** je nachdem ob sie den kurz-, mittel- oder langfristigen Bedarf der Bevölkerung in Stadt und Umland abdecken. Das jeweils nächst höhere Zentrum deckt dabei immer auch den Bedarf des darunter liegenden Zentrums ab. Das heißt, dass zum Beispiel ein Mittelzentrum immer auch die Funktionen eines Unterzentrums abdeckt und ein Oberzentrum die Funktionen eines Mittel- und Unterzentrums.

AUFGABEN

5 **Beschreibe die Bedeutung der Stadt für ihr Umland (M4).**

6 **Vergleiche die Einkaufsmöglichkeiten und das Warenangebot von Stadt und Umland.**

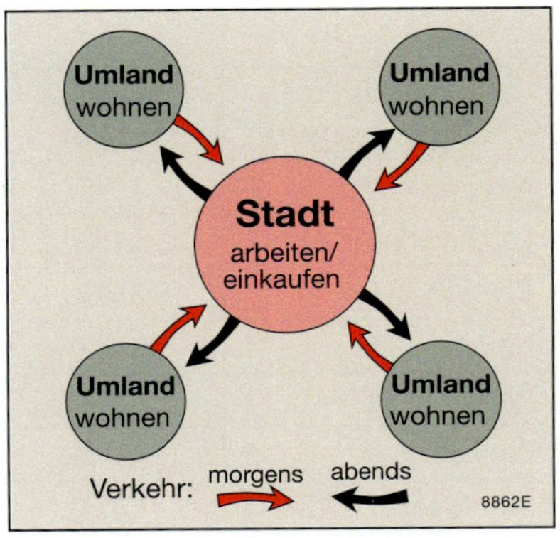

M4 Modell der Stadt-Umland-Beziehung

Die nordamerikanische Großstadt

M1 Nordamerika bei Nacht

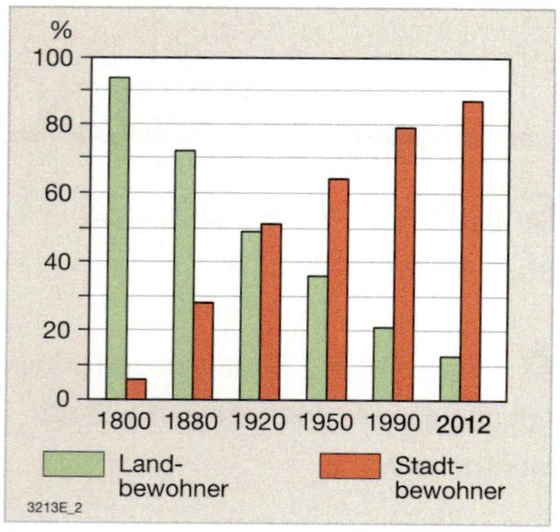

M2 Anteil von Stadt- und Landbevölkerung in den USA

Stadt (US-Bundesstaat)	Einwohner (in Mio)
New York (NY)	8,175
Los Angeles (CA)	3,192
Chicago (IL)	2,695
Houston (TX)	2,099
Philadelphia (PA)	1,546
Phoenix (AZ)	1,445
San Antonio (TX)	1,327

M3 Die größten Städte der USA (2010)

Stadtlandschaften Nordamerikas

Noch am Anfang des 20. Jahrhunderts lebten die meisten Menschen der USA in ländlich geprägten Räumen. Doch die schnelle Industrialisierung, ein boomender Bausektor und der Ausbau des Verkehrsnetzes ließen die Städte stark wachsen. Die Bevölkerungszahl der USA stieg durch hohe Geburtenraten und eine anhaltende Einwanderung. Viele Menschen aus den ländlichen Gebieten zogen nun zusätzlich in die Städte.

Die Innenstädte waren dem hohen Bevölkerungswachstum nicht mehr gewachsen – Wohnraum stand nicht ausreichend zur Verfügung. Für viele US-Amerikaner ist es außerdem erstrebenswert in einem eigenen Haus zu leben. Daher entstanden am Stadtrand **Suburbs** aus Einfamilienhäusern. Hauptsächlich Menschen aus der Mittelschicht zogen an den Stadtrand oder in das Stadtumland. Diesen Abwanderungsprozess nennt man **Suburbanisierung.** Die Suburbs sind durch den Ausbau von Highways an die Innenstadt angeschlossen und gut erreichbar.

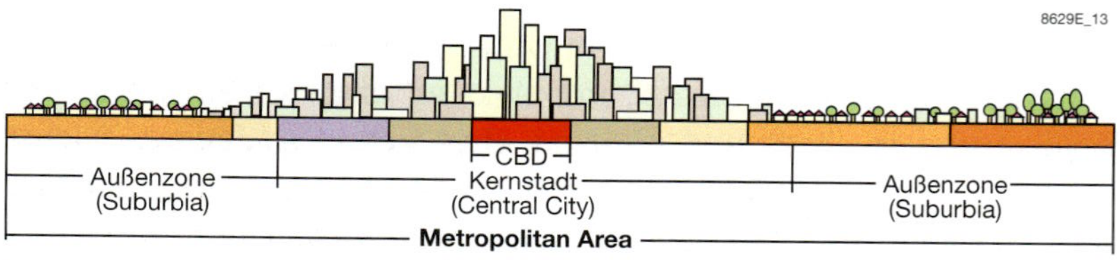

M4 Gliederung der nordamerikanischen Stadt (schematische Profilskizze). Im **C**entral **B**usiness **D**istrikt (CBD) befinden sich vor allem Büros.

Nach und nach entstanden in der Nähe der Suburbs **Shopping Malls** (Einkaufszentren) und auch Industriestandorte. Die Wohnungen im Innenstadtbereich wurden von weniger wohlhabenden Bevölkerungsschichten bezogen. Da die Menschen kein Geld für die Instandhaltung der Gebäude besaßen, zerfiel nun schleichend die Bausubstanz der Innenstädte. Industriebetriebe wurden geschlossen und es entstanden **Slums** (Elendsviertel) im Kernstadtbereich. Einige Städte der USA weisen einen riesigen suburbanen Raum auf, sodass sie mit anderen großen Städten zu regelrechten Städtebändern zusammenwachsen und eine **Agglomeration** bilden. Ein Beispiel hierfür sind die Städte Boston und Washington, die man als Agglomeration nun „Boswash" nennt.

M6 CBD von Chicago

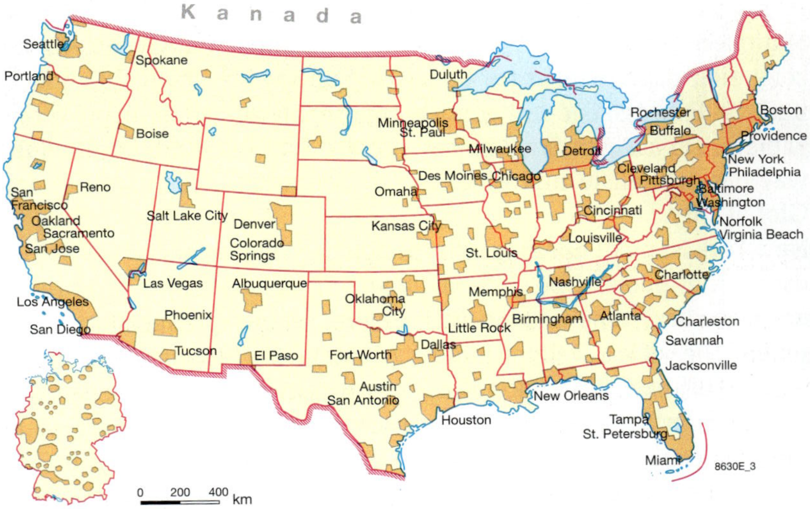

M5 Verstädterung in den USA (zum Vergleich Deutschland)

M7 Suburb

Die Stadt der „Engel" – Los Angeles

Die kalifornische Stadt Los Angeles ist die zweitgrößte Stadt der USA. Mit einer Einwohnerzahl von rund 13 Mio. gehört der Ballungsraum zu den größten Ballungsräumen der Welt, obwohl die Stadt erst 1781 gegründet wurde. Mit der Industrialisierung kam hier die starke Zuwanderung.

L.A. erhielt überregionale Bahnanschlüsse und einen großen Überseehafen. Heute ist der Flughafen von L.A. ein bedeutender internationaler Verkehrsknotenpunkt (2012 etwa 61 Mio. Passagiere). Los Angeles hat, wie alle anderen Großstädte in den USA, an den Folgen des starken Individualverkehrs zu leiden. Staus, volle Parkplätze und eine sehr hohe Luftverschmutzung belasten die Menschen. Auch die Wasser- und Energieversorgung der Großstadt ist immer schwieriger zu bewältigen.

AUFGABEN

1 Begründe den hohen Verstädterungsgrad in den USA (M1 – M3, M5, Atlas).

2 Viele Städte in den USA besitzen die gleiche Stadtstruktur:
a) Beschreibe das Modell der amerikanischen Stadt (M4, M6, M7).
b) Vergleiche das Modell mit Siedlungsstrukturen in Deutschland (Atlas).
c) Nenne mögliche Gründe für die Unterschiede.

3 Erläutere Probleme von großen Ballungsräumen am Beispiel von Los Angeles.

Global City New York

M1 Stadtteile von New York

M2 In Südmanhattan

Die Stadt, die niemals schläft

In den fünf Stadtteilen New Yorks leben über acht Millionen Einwohner. Zahlreiche nationale und internationale Firmen haben ihren Hauptsitz in einem der vielen Wolkenkratzer Manhattans. Hier werden weit reichende wirtschaftliche Entscheidungen mit globalen Auswirkungen getroffen. Die New Yorker Börse an der Wallstreet ist einer der weltweit wichtigsten Finanzplätze. An der New York Stock Exchange werden Aktien weltweit tätiger Firmen wie auch Rohstoffe und Währungen gehandelt. Die meisten in Manhattan arbeitenden Menschen wohnen aufgrund der hohen Wohnungs- und Mietpreise in anderen Stadtteilen oder in New Jersey außerhalb der Stadtgrenzen. Zur Rushhour in den frühen Morgenstunden pendeln die New Yorker zumeist mit der Subway (U-Bahn) zu ihrem Arbeitsplatz nach Manhattan. Aus den Subway-Stationen ergießen sich dann die Menschenmassen. Gegen Abend zeigt sich das umgekehrte Bild: Die Subway-Stationen füllen sich und die Expresszüge bringen die Menschen wieder in ihre Wohngebiete. Da auf den Straßen fast ständig Stau herrscht, ist die Subway das schnellste und eines der wichtigsten Verkehrsmittel der **Global City.**

New York ist nicht nur eine wirtschaftliche, sondern auch eine touristische Metropole. Über 25 Millionen Besucher kommen jährlich, um sich die Freiheitsstatue und andere Sehenswürdigkeiten anzusehen. Die vielen weltberühmten Museen, die bekannten Musicals wie „Cats“ bzw. „The Lion King“ am Broadway und die vielfältigen Angebote in den zahlreichen luxuriösen Geschäften bewegen viele Menschen zu einem Besuch der Stadt. Die Bezeichung „The City that never sleeps“ trifft besonders am Times Square zu, wo das hektische Treiben auf den Straßen täglich, von unzähligen beleuchteten Werbetafeln begleitet, bis in die frühen Morgenstunden anhält.

M3 Die berühmte Skyline von Manhattan

M4 In der New York Stock Exchange (Börse)

Stadt der Einwanderer

In New York City leben Menschen aus mehr als 170 verschiedenen Nationen. Deshalb wird häufig auch von „der Stadt der Einwanderer“ gesprochen. Die Einwanderer kommen meistens in der Hoffnung auf eine Verbesserung ihrer Lebensverhältnisse und siedeln sich nach Nationalitäten getrennt in verschiedenen Stadtvierteln an. Eine der bekanntesten **Ethnic Neighbourhoods** ist Chinatown im Süden von Manhattan. Hier leben etwa 100 000 Chinesen auf engstem Raum. In den Geschäften werden viele verschiedene chinesische Waren angeboten. Die Preisschilder und die Leuchtreklame sind häufig nur mit chinesischen Schriftzeichen versehen. Sogar mehrere Tageszeitungen in chinesischer Sprache sind in Chinatown zu erwerben. Auch die anderen Ethnic Neighbourhoods sind durch die Lebensweise der jeweiligen Einwanderergruppen geprägt. Im Café Moskau, den Restaurants Huang He, Puebla, Kiew oder Java lassen sich beispielsweise Getränke und Speisen aus vielen Teilen der Welt genießen. Häufig sind aber auch große Bereiche der Ethnic Neighbourhoods zu Elendsvierteln verkommen. Ohne Ausbildung können viele Einwanderer nur sehr schlecht bezahlte Jobs annehmen oder sie finden gar keine Arbeitsstelle. Die Armut führt zu einer hohen Kriminalitätsrate.
Der amerikanische Traum von Reichtum oder auch Wohlstand erfüllt sich nur für einen geringen Teil der Immigranten.

M6 Verkaufsstand einer Koreanerin

M7 In Chinatown

M5 Ethnic Neighbourhoods verschiedener Einwanderergruppen in New York City

AUFGABEN

1 Erkläre, warum New York als Global City bezeichnet wird (Text, Fotos, Umschlagbild).

2 a) Schreibe die Länder auf, aus denen die Einwanderergruppen in den Ethnic Neighbourhoods stammen (M5).
b) Auf welchen Kontinenten liegt die überwiegende Zahl dieser Länder?

3 Berichte über das Leben in China Town.

Die Wirtschaft der USA im Überblick

AUFGABEN

1 **Berichte über den Stellenwert von Landwirtschaft, Industrie und dem Dienstleistungsbereich in den USA.**

2 **Nenne Aufgabenfelder, die zum Dienstleistungsbereich gehören. Begründe den hohen Anteil dieses Wirtschaftsbereiches an den Beschäftigtenzahlen.**

M3 Konzernzentrale von Google-Inc., Mountain View (Kalifornien)

1. Royal Dutch Shell	484,5
2. ExxonMobil	452,9
3. Walmart	446,9
4. BP	386,5
5. Sinopec	375,2
6. China National Petroleum	352,3
7. State Grid	259,1
8. Chevron	245,6
9. ConocoPhillips	237,3
10. Toyota Motor	235,4

M1 Die größten Unternehmen im Jahr 2012 (Umsatz in Mrd. US-Dollar)

Wirtschaftsmacht USA

Die USA sind die größte Wirtschaftsmacht der Welt. Daran sind die Land- und Forstwirtschaft (primärer Sektor) mit einem Prozent, die Industrie (sekundärer Sektor) mit 22 Prozent und der Dienstleistungsbereich (tertiärer Sektor) mit 77 Prozent beteiligt (siehe Wirtschaftssektoren S. 68).

Ein typisches Merkmal aller Industriestaaten wird an diesen Zahlen deutlich. Die Industrie und die Landwirtschaft der USA haben an der Wirtschaftsleistung einen relativ geringen Anteil, während den überwiegenden Teil der Dienstleistungsbereich erwirtschaftet. Hier gibt es auch die meisten Arbeitsplätze.

Die USA haben in den meisten Industriebereichen einen Spitzenplatz inne. Grundlage hierfür sind die Größe des Wirtschaftsraumes, die Ausstattung des Landes mit Bodenschätzen, ausreichend vorhandene Arbeitskräfte und der besondere Wirtschaftsgeist der US-Amerikaner. Er äußert sich in einer positiven Einstellung zu Arbeit, Geld und Erfolg. Aussprüche wie „Time is money", „Another day – another Dollar" oder „In God we trust – all others pay cash" machen diese Haltung deutlich.

Die USA führen bei der Produktion von ...

Plastik	vor Kanada, Mexiko
Kühlschränken	vor VR China, Italien
Aluminium	vor Russland, Kanada
Kunstfasern	vor VR China, Taiwan
Gummi	vor Japan, Russland
Papier	vor Japan, VR China
Bier	vor VR China, Deutschland
Elektroenergie	vor VR China, Japan

Die USA liegen bei der Produktion von folgenden Agrarprodukten 2012 an ...

erster Stelle: Mais (vor Argentinien, Brasilien), Milch (vor Indien), Rindfleisch und Geflügelfleisch (vor VR China), Sojabohnen (vor Brasilien), Holz (vor Kanada)

zweiter Stelle: Soja (nach Brasilien), Zitrusfrüchten (nach Brasilien), Baumwolle, Schweinefleisch, Weizen (jeweils nach VR China), Hirse (nach Indien)

M2 Die Industrie der USA im Vergleich mit anderen Staaten

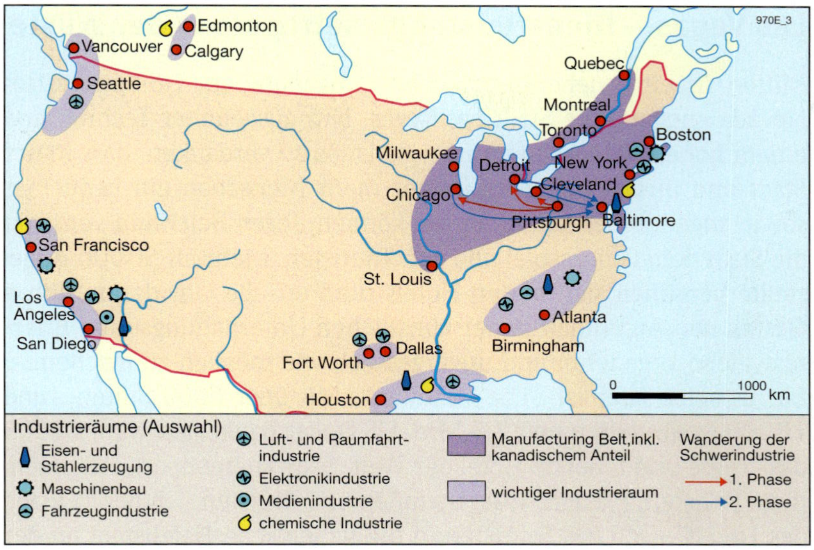

M4 Verteilung der Industrie in den USA

Wareneinfuhr (Import)	**in Mrd. US-$**
USA	2265
China	1743
Deutschland	1254
Japan	854
Frankreich	715
GB	636
Warenausfuhr (Export)	
China	1899
USA	1481
Deutschland	1474
Japan	823
Niederlande	660
Frankreich	597

M6 Einige Welthandelsländer 2011

Die Wirtschaft der USA im Überblick

In der Industrie geht der Bedarf an Arbeitskräften zurück; die Produktionssteigerungen erfolgen über verstärkte Automatisierung.
Um Arbeitslosigkeit zu vermeiden, sind die Menschen bereit, ihren Wohnort häufig zu wechseln. 25 Millionen US-Bürger leben in Mobile Homes, in riesigen Wohnmobilen (nicht zu vergleichen mit europäischen Wohnwagen). Das ermöglicht einen raschen Wechsel des Wohn- und Arbeitsortes. US-Amerikaner wechseln im Durchschnitt alle 6,7 Jahre die Arbeitsstelle bzw. den Beruf und damit häufig auch den Wohnort.
Neben Kanada sind die USA der weltweit größte Produzent und Exporteur landwirtschaftlicher Erzeugnisse. Sie sind Selbstversorger bei allen Agrarprodukten mit Ausnahme von Tropenfrüchten. Ein großer Teil der Ernte – zum Beispiel Getreide, Ölfrüchte, Futtermittel, Zucker und Fleisch – wird für den Weltmarkt produziert.

AUFGABEN

3 **Erläutere die Exportorientierung der US-amerikanischen Wirtschaft (M6, M7).**

4 **„Der Mensch folgt der Arbeit." Erkläre diese Aussage (M4, M5).**

M5 Mobile Home „on Tour"

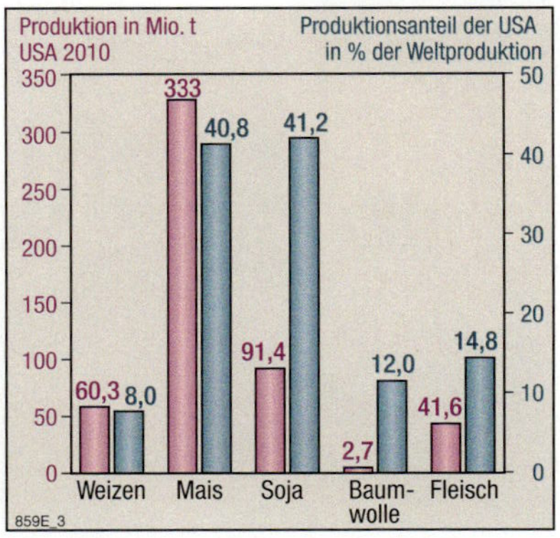

M7 Die Agrarproduktion der USA

M1 Es gibt etwa 160 000 Glücksspielautomaten (Slot Machines) in Las Vegas.

Las Vegas – Dienstleistungsmetropole in der Wüste

Mitten in einer lebensfeindlichen Umgebung im US-Bundesstaat Nevada entstand die Stadt Las Vegas. Nur ausgefeilter Technik und einem hohen Verbrauch an Energie ist es zu verdanken, dass in der Stadt und ihrer Umgebung immer mehr Menschen ein bequemes sowie angenehmes Leben führen können. Ihren Reichtum verdankt die Stadt dem Glücksspiel und den Touristen. Mehr als 50 000 Angestellte bemühen sich in den Hotels rund um die Uhr darum, ihren Gästen den Aufenthalt in der künstlichen Unterhaltungs- und Erlebniswelt so angenehm und unvergesslich wie möglich zu machen.

Ein Beispiel dafür ist „The Venetian". Mit über 6000 Suiten, rund 10 000 Angestellten und 2,5 Mrd. US-Dollar Baukosten war es 2005 das größte und teuerste Hotel der Welt. Sein Themenpark aus prächtigen Palästen, Plätzen, Wasserstraßen und Brücken – in der 1. Etage des Hotels – soll die Touristen in die italienische Hafenstadt an der Adria versetzen. Ein ähnliches Konzept verfolgt das „Hotel Paris". Vor dem Gebäude befindet sich ein nachgebauter Eiffelturm.

Von den 20 größten Hotels der Welt befinden sich allein elf in Las Vegas. Jedes dieser Hotels vereint unter einem Dach neben den Übernachtungsmöglichkeiten, Spielcasinos, Attraktionen wie in einem Freizeitpark, mehrere Restaurants und Bars, einen Pool-Bereich, Läden sowie einen „Show-Room". Um möglichst viele Spieler in die Casinos zu locken, finden Shows mit weltbekannten Künstlern statt.

Das Glücksspiel in den Spielcasinos ist die Haupteinnahmequelle der Hotels und damit der Stadt Las Vegas.

M2 1. Etage des „The Venetian"

M3 Blick auf Las Vegas bei Nacht

Dienstleistungsgesellschaft USA

Ähnlich wie in den Spielcasinos von Las Vegas mit ihren vielseitigen Freizeitmöglichkeiten wird das Einkaufen in den nordamerikanischen Shopping-Malls durch gastronomische und erlebnisorientierte Angebote ergänzt. Die Mall of America in Minneapolis lockt dadurch wöchentlich 90000 Besucher an. Für fast 20000 Autos bieten die Parkflächen Platz. Direkt vom Auto begeben sich die Besucher in das klimatisierte Gebäude und verbringen häufig den ganzen Tag in den Erlebnistempeln. Das Einkaufen wird den Menschen so angenehm wie möglich gemacht. Dafür sorgen auch Hunderte von Angestellten, für die das Wohlbefinden der Kunden erste Pflicht ist. Wegen der sprichwörtlichen Freundlichkeit gegenüber Kunden gelten die USA auch als Dienstleistungsparadies.

Die Standorte der Shopping Malls sind in vielen Fällen zu riesigen Dienstleistungszentren mit Bürohochhäusern angewachsen. In ihnen arbeiten viele Hundert Menschen im **Dienstleistungssektor** (siehe S. 68): vom Computerfachmann über den Aktienhändler bis zum Schuhverkäufer und dem Straßenkehrer. Zwischen ihnen bestehen sehr große Unterschiede hinsichtlich des Einkommens, aber auch bezüglich der verlangten beruflichen Qualifikation. Gerade die Jobs in den sogenannten einfachen Dienstleistungen werden in den USA häufig so gering entlohnt, dass sie nicht zur Existenzsicherung ausreichen. Immer mehr Nordamerikaner gehören zu den „Working Poor", die sich durch ihre Arbeit nicht mehr über der Armutsgrenze halten können. Um ihren Lebensunterhalt zu verdienen, müssen sie häufig mehrere Jobs gleichzeitig annehmen.

	I	II	III
USA	1,4	21,0	77,6
D	2,1	24,4	73,5

M5 Beschäftigte (in %) in den Wirtschaftssektoren 2010

AUFGABEN

1 **Beschreibe die Bedeutung, die die großen Hotels in Las Vegas haben.**

2 **Berichte über das Hotel „The Venetian" (www.venetian.com).**

3 **Betrachte M4 und liste auf, welche Freizeitmöglichkeiten den Kunden geboten werden.**

4 **a) Erkläre die Bezeichnung Dienstleistungsgesellschaft USA.**
b) Begründe, warum die Angebote in den Casinos von Las Vegas und in den nordamerikanischen Shopping-Malls gute Beispiele für diese Bezeichnung sind.

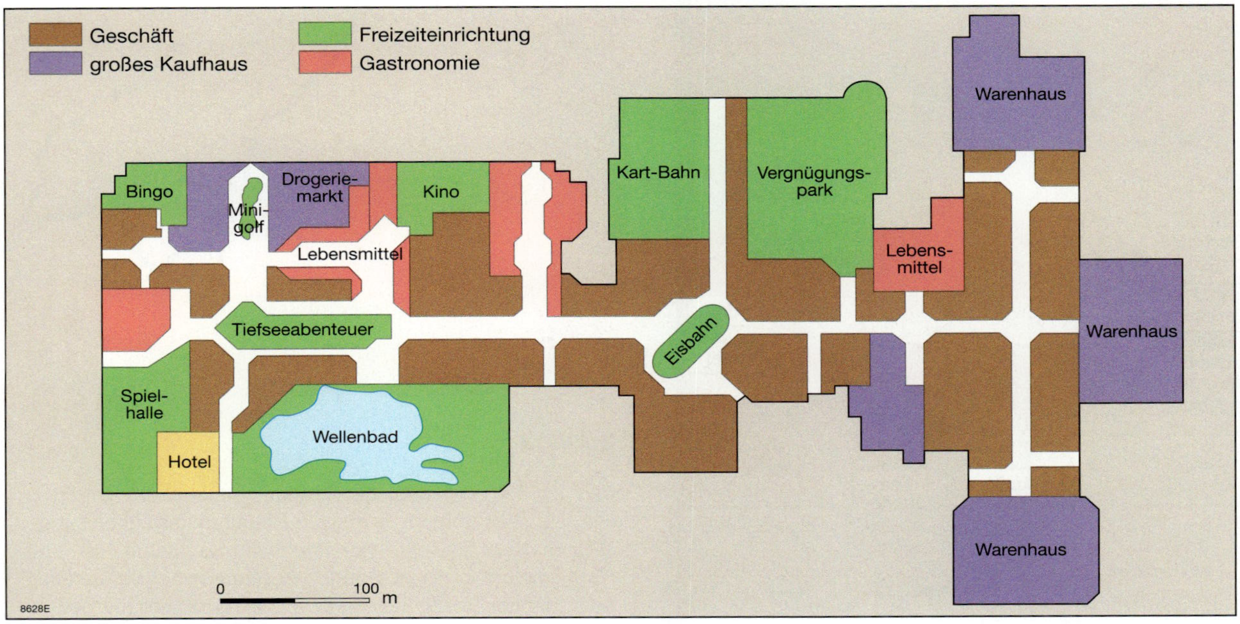

M4 Plan einer nordamerikanischen Mall

Der Sunbelt – ein attraktiver Standort

AUFGABE

1 Beschreibe die Lage
a) des Sunbelts in den USA,
b) der Wirtschaftszentren im Sunbelt.
(M5, Atlas)

Dienstleistungsgürtel Sunbelt

Der Sunbelt besteht aus einzelnen wirtschaftlichen, vorwiegend städtischen Zentren. Dort haben sich Dienstleistungsunternehmen sowie Betriebe der petrochemischen Industrie, Rüstungs- und Raumfahrtindustrie angesiedelt.

Die Standortvorteile des Sunbelts sind niedrigere Steuern und zahlreiche gut ausgebildete Arbeitskräfte. Der hohe Freizeitwert, ein angenehmes Klima und die gute **Infrastruktur**, zum Beispiel zahlreiche Schulen und Versorgungsmöglichkeiten, sind weitere Vorteile.

Silicon Valley
Das „Tal des Siliziums" ist die erfolgreichste Hightech-Schmiede der Welt. In den 1980er-Jahren wurden hier Mikrochips produziert. Das Material, Silizium, das zu ihrer Herstellung benötigt wird, gab dem Tal südlich von San Francisco seinen Namen. Heute hat sich die Produktion im Silicon Valley erweitert.

M2 Rohstoff Silizium

M3 Firmen im Sunbelt

M1 Silicon Valley (siehe auch S. 33 M3)

INFO

Sunbelt

Seit den 1970er-Jahren spricht man vom Sunbelt. Seit dieser Zeit siedelten sich in einigen Gebieten des Südens und Westens der USA Industrien wie Rüstungs-, Raumfahrt- und Computerindustrie an. Hunderttausende Arbeitskräfte aus dem Manufacturing Belt (siehe S. 27 M4) zog es hierher.

Human Ressources

„Als die Bedeutung des Manufacturing Belts, dem ältesten Industriegebiet im Nordosten der USA abnahm, wurde der Sunbelt für viele US-amerikanische Unternehmen und Arbeitskräfte höchst interessant", berichtet Mrs. Dabel, die Sprecherin in der Hauptverwaltung von IBM in New York. „Auch wir haben im Sunbelt einige neue Niederlassungen errichtet. Dafür gab es unterschiedliche Gründe. Besonders wichtig waren die hervorragenden Human Resources, das heißt die gut ausgebildeten und hoch motivierten Wissenschaftler. Sie ließen sich leicht unter den Studienabgängern der über 80 Hochschulen Kaliforniens finden. Um Kosten zu sparen und neue Ideen rasch umzusetzen, arbeiten wir sehr eng mit den Hochschulen, aber auch mit Hightech-Unternehmen der Region zusammen."

University of Stanford

Viele Hightech-Unternehmen im Silicon Valley wurden von Absolventen der Universität Stanford gegründet. Die Universität wirbt viele staatlich finanzierte Forschungsprojekte an und unterstützt zum Teil die Firmenneugründungen. Weltweit bekannte und erfolgreiche Software-Unternehmen wie Microsoft und IBM sitzen im Silicon Valley. Auch Facebook, das weltweit erfolgreichste soziale Netzwerk, Google und Yahoo haben ihren Firmenhauptsitz im Silicon Valley.

M4 Standortvorteile

AUFGABEN

2 **Der Sunbelt ist eine boomende Wirtschaftsregion in den USA.**
a) Nenne wichtige Standortfaktoren des Sunbelts.
b) Begründe die Standortentscheidung von IBM (M4 oben).

3 **Vergleiche die Industriezweige des Sunbelts mit denen des Manufacturing Belts (S. 27 M4, Atlas).**

4 **Halte einen Vortrag zu einem Wirtschaftsstandort in den USA.**

M5 Der Sunbelt

Hightech – so weit das Auge reicht

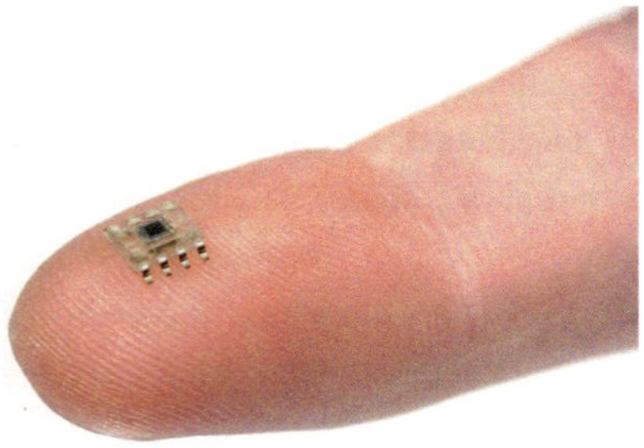

M1 Der Mikrochip – eine Erfindung des amerikanischen Ingenieurs Jack Kilby Ende der 1950er-Jahre. Ohne sie wären Computer, Handys und viele andere Geräte der Informations- und Kommunikationstechnik heute nicht denkbar.

Im Silicon Valley – Hightech, so weit das Auge reicht

Das Silicon Valley ist eines der führenden Technologiezentren der Welt. Hier haben sich rund 7000 Unternehmen der Elektronik- und Softwareindustrie niedergelassen, darunter 20 der 100 weltweit erfolgreichsten Hightechunternehmen und **Global Player** wie Hewlett Packard, Intel oder Google. Warum gibt es im Silicon Valley eine solch außergewöhnliche Konzentration von Elektronik- und Computerfirmen?

Der entscheidende Anstoß zur Ansiedlung der Elektronikindustrie ging vom Bau des Luftwaffenstützpunktes der US-Armee in Palo Alto während des Zweiten Weltkrieges im Jahr 1940 aus. Durch die Entwicklung neuer Technologien sollte die militärische Überlegenheit der USA gesichert werden. Dabei wurde die Stanford-Universität von Anfang an in die militärtechnische Entwicklung einbezogen.

Schon zu Beginn der 50er-Jahre des 20. Jahrhunderts ließen sich in dieser Region in Kalifornien mit Lockheed der damalige Marktführer der Flugzeugindustrie und die Elektronikfirmen Fairchild, IBM und ITT im Silicon Valley nieder.

Der Technologie-Wettlauf in der Raumfahrt löste einen weiteren wirtschaftlichen Boom aus (1957 Start des ersten sowjetischen Sputnik-Satelliten). So entstand ein Zentrum der Rüstungs- und Raumfahrtindustrie, die auf neue Forschungsergebnisse im Bereich der Mikroelektronik angewiesen war. Einen weiteren wirtschaftlichen Wachstumsschub brachte die rasante Entwicklung der Computerindustrie und der Telekommunikation.

Nach und nach siedelten sich im Silicon Valley immer mehr, meist kleinere und mittlere Betriebe der Elektronik- und Computerbranche an, in denen bis heute hochqualifizierte Spezialisten Produkte austüfteln und fertigen.

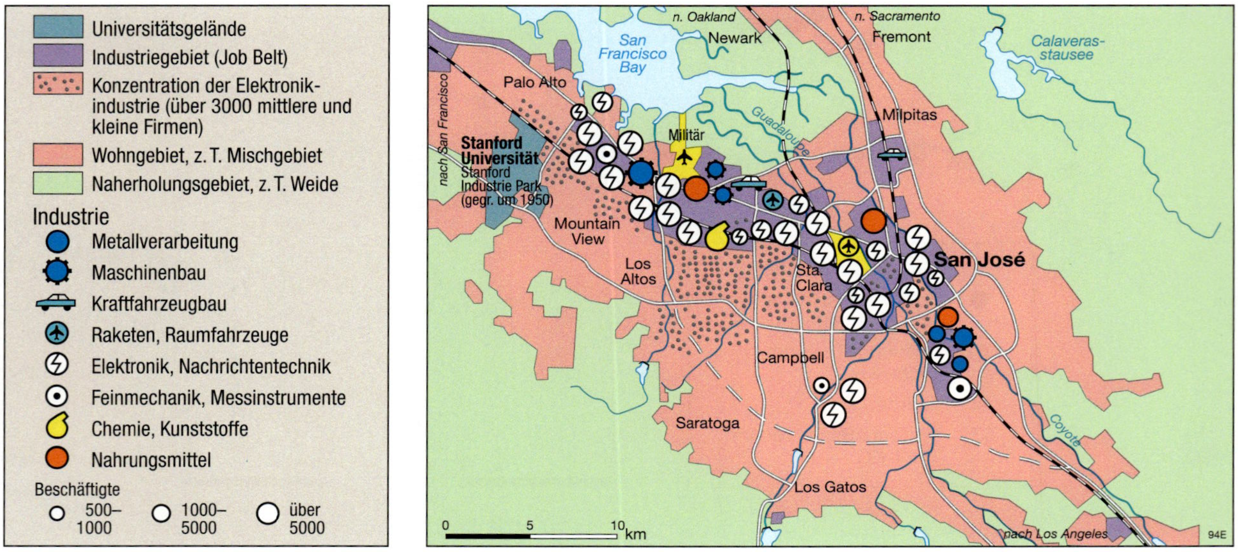

M2 Industrie im Silicon Valley, südöstlich von San Francisco

M3 Elektronik- und Computerfirmen im Silicon Valley

Im Silicon Valley sind viele Firmeninhaber wegen ihrer Erfindungen innerhalb weniger Jahre zu Millionären geworden. Aber es gab auch schon viele Pleiten: Hightechprodukte, die sich heute weltweit millionenfach verkaufen, sind schon morgen wegen neuer technischer Entwicklungen und Bedürfnisse überholt.
Wer erfolgreich sein will, muss ständig in Forschung und Entwicklung neuer Produkte investieren. Nur 10 % der Firmengründer schaffen es, sich auf Dauer am Markt zu behaupten.

M5 Hightech – high risk

Im Silicon Valley wohnen etwa 260 000 Millionäre und 13 Milliardäre.
In der Region leben aber auch rund 20 000 Obdachlose.

Carlos Gonzales ist mit seiner Frau und den vier Kindern vor fünf Jahren von Rosario (Mexiko) in die USA gezogen, weil er im Silicon Valley auf ein besseres Leben hoffte. Herr Gonzales ist einer von tausenden Latinos, die als Hilfsarbeiter bei Hightechfirmen arbeiten.

Er verdient 1600 US-$ pro Monat. Damit kann er seine Familie nicht ernähren. Denn allein für die Drei-Zimmer-Wohnung, in der er und seine Familie wohnen, bezahlt er 1500 US-$ Miete im Monat. Deshalb hat er ein Zimmer untervermietet. Das bringt zusätzlich 450 US-$.

Im Silicon Valley werden Hilfsarbeiter immer schlechter bezahlt. Dagegen steigen die Gehälter der hoch qualifizierten Spezialisten in den Hightechfirmen immer weiter. Anfangsgehälter von 10 000 US-$ und mehr pro Monat sind keine Seltenheit.

„Sie geben das Geld mit vollen Händen aus und treiben so die Preise in die Höhe. Benzin, Butter, Brot – nirgendwo sonst in den USA sind die Lebenshaltungskosten so hoch wie hier. Im Silicon Valley gibt es praktisch nur noch Reiche und Arme", beklagt Herr Gonzales.

M4 Leben in Armut mitten unter Reichen (nach Zeitungsberichten)

AUFGABEN

1 **Begründe, warum sich das Silicon Valley zu einem Zentrum der Hightechindustrie entwickeln konnte.**

2 **Nenne die Industriezweige, die im Silicon Valley besonders stark vertreten sind (M2).**

3 **Für die Hightechfirmen ist die räumliche Nähe zu den Universitäten und Forschungseinrichtungen ein großer Vorteil. Erkläre.**

4 **Welche Folgen hat die unterschiedliche Bezahlung von Beschäftigten im Silicon Valley (M4)?**

◁ M1 Hollywood-Produktionen, wie die Filme „Spider-Man“ und „High School Musical“, erfreuen sich weltweiter Beliebtheit und werden entsprechend beworben.

Die USA sind Trendsetter

Zunächst ein Treffen mit Freunden bei Starbucks, dann ein Paar neue Turnschuhe von Nike kaufen, anschließend den neuen Star Wars-Film im Kino ansehen und danach noch eine Kleinigkeit bei McDonald‘s essen – obwohl Tausende von Kilometern zwischen Philipp aus Saarbrücken und Kusuo aus Tokio liegen, unterscheidet sich die Planung ihrer Freizeitgestaltung nur wenig.

Das Interesse an sogenannten „Kulturgütern des Alltags“ wie Musik, Essen, Mode, Film oder Sport folgt dabei immer häufiger amerikanischen Trends. Diese werden von Global Playern, wie McDonald‘s, die meist ihren Hauptsitz in den USA haben, beeinflusst (siehe auch S. 76/77). Regionale Produkte der Länder werden auf diese Weise verdrängt.

Die Kaffeehaus-Kette Starbucks betreibt beispielsweise 14400 Filialen in 42 Ländern und exportiert damit die amerikanischen Vorstellungen eines Kaffeehauses bezüglich Angebot und Service. In diesem Zusammenhang wird auch häufig von der „Amerikanisierung“ bestimmter Lebensbereiche gesprochen.

Auch die Filmindustrie wird überall auf der Erde von Produkten aus den USA dominiert. Das weltweite Interesse an Hollywood-Filmen, wie an denen der Star Wars-Reihe, führt dazu, dass die Filmnamen und ihre Botschaft für die Vermarktung eines breiten Angebotes an zusätzlichen Produkten genutzt werden. Diese als „Merchandising-Produkte“ bezeichneten Artikel sind beispielsweise Figuren der Darsteller, bedruckte Bettwäsche mit dem Filmthema oder Videospiele, in denen die Filmhandlung weiter gespielt werden kann.

AUFGABEN

1 **a) Beschreibe, was mit dem Ausdruck „Amerikanisierte Kultur“ gemeint ist.**
b) Diskutiere die Vor- und Nachteile der weltweit auftretenden „Amerikanisierten Kultur“. Nimm Stellung.

2 **Betrachte M2. Erläutere, warum Coca-Cola ein gutes Beispiel für die Bezeichnung „Amerikanisierte Kultur“ weltweit ist.**

3 **Nenne drei selbst gewählte Produkte von verschiedenen Unternehmen, die im Zusammenhang mit der „Amerikanisierten Kultur“ stehen und begründe deine Entscheidung.**
dazu.

M2 Coca-Cola in verschiedenen Ländern der Erde (Algerien, Brasilien)

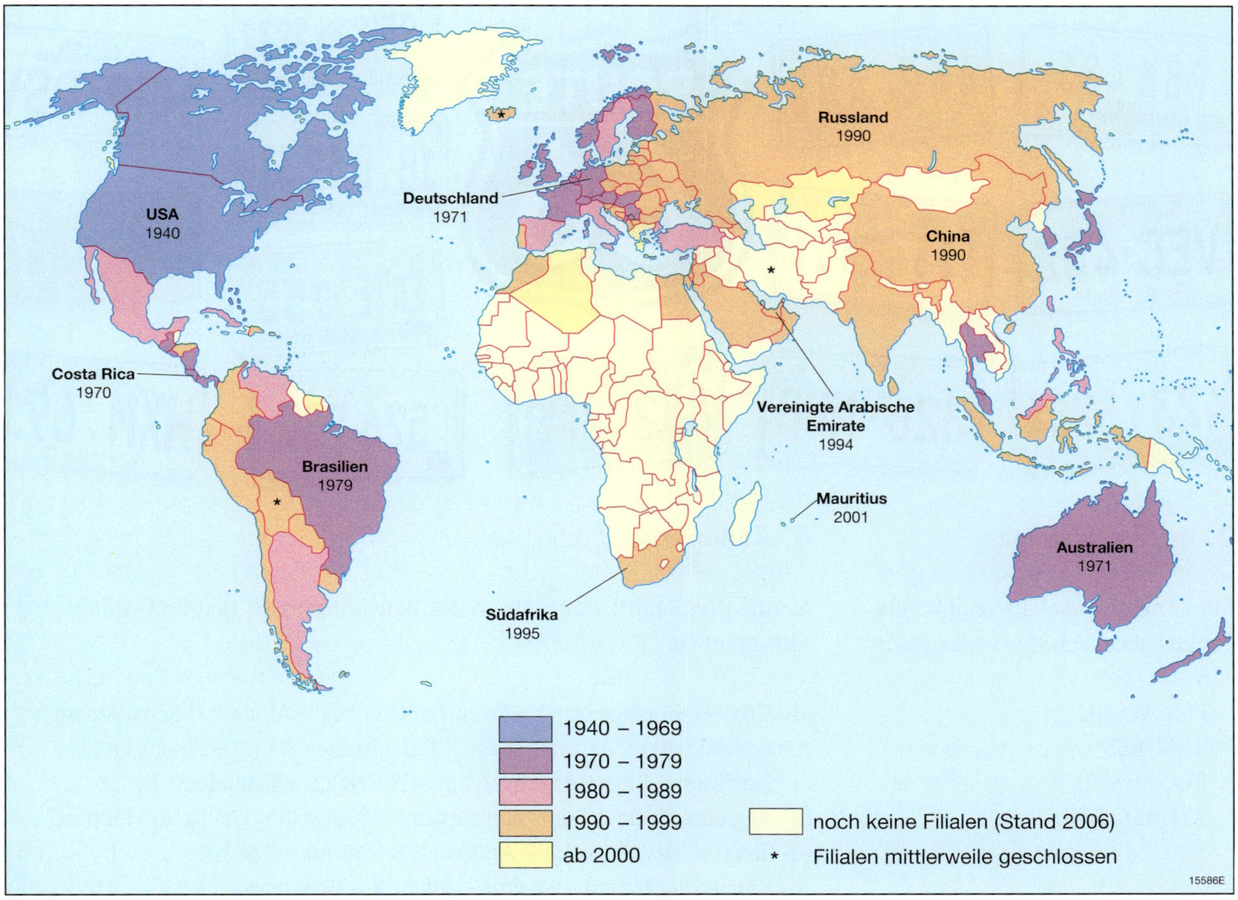

M3 Eröffnungsjahr der jeweils ersten McDonald‘s-Filiale eines Landes

Die USA – Naturraum und Raumnutzung

1. Die Bundesstaaten der USA

a) Berichte, welche besondere Straße die Route 66 war (Internet).
b) Benenne die US-Bundesstaaten, durch die die Route 66 führt (Atlas).
c) Beschreibe die Lage der auf den Autokennzeichen genannten US-Bundesstaaten (Atlas).

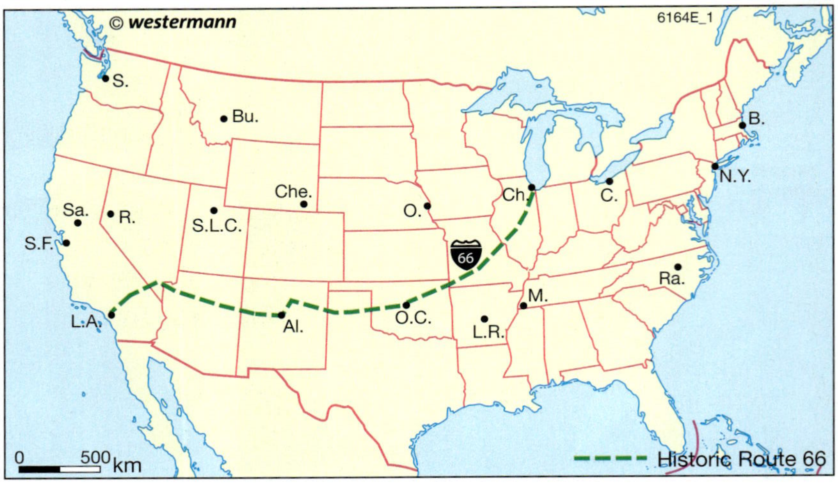

2. Buchstabensalat

Finde heraus, welche englischen Fachbegriffe sich hier verbergen:

- PITOWSNH
- BUSURBS
- RUORHSHU
- TYGALOBICL

3. Außenseiter

Nenne den Begriff, der nicht in die Wortreihe passt. Begründe deine Entscheidung.

a) City – Fußgängerzone – Suburbanisierung – Altstadt – Schaufenster
b) Great Plains – Zentralmassiv – Kanadischer Schild – Appalachen
c) Northers – Blizzards – Monsun – Hurrikan – Tornado
d) Agglomeration – Suburbanisierung – Boswash – Grüne Revolution
e) Texas – New Mexiko – Arizona – Kalifornien – Maine
f) Kanada – Mexiko – Pazifik – Atlantik – Botsuana
g) Mississippi – Amazonas – Ohio – Missouri

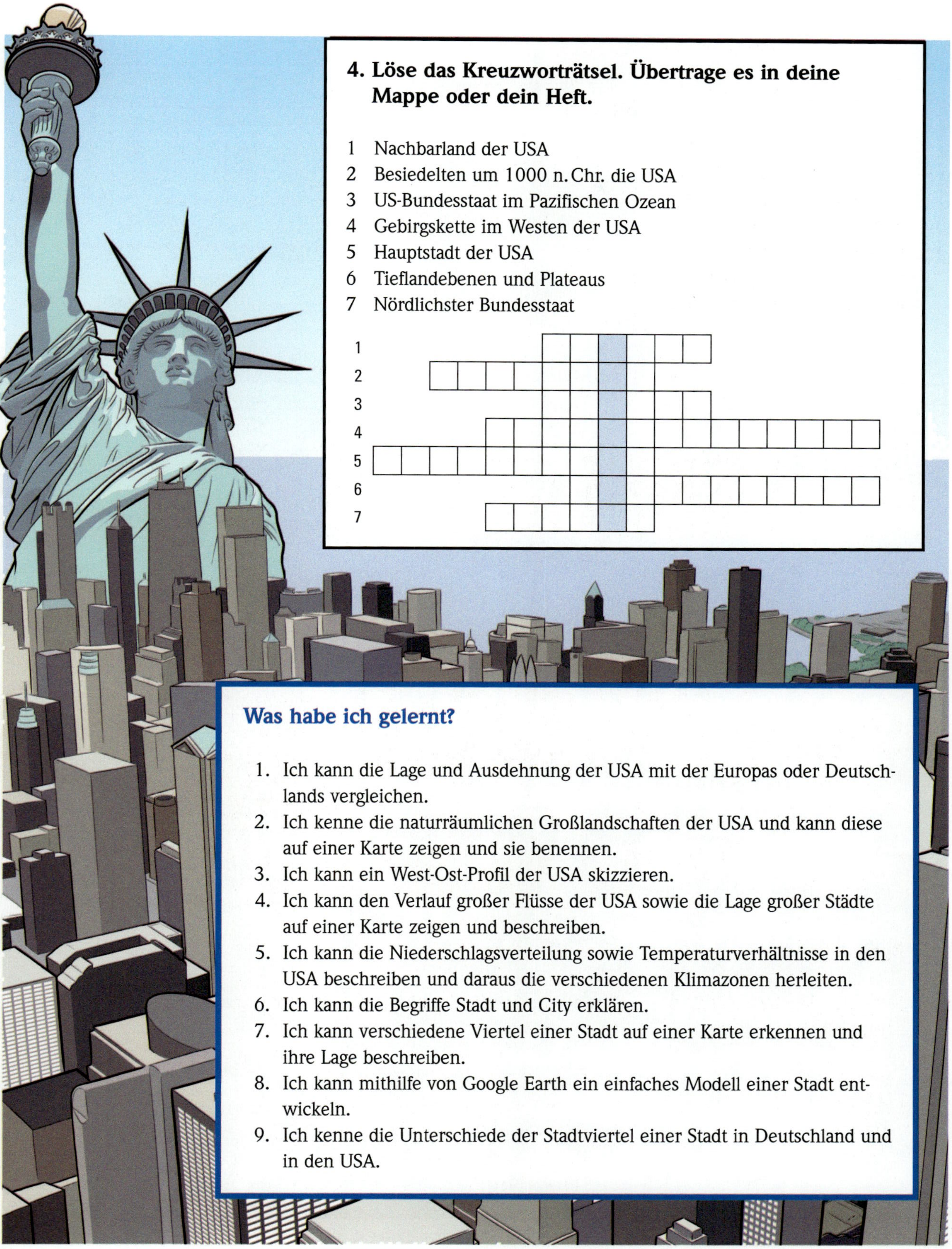

4. Löse das Kreuzworträtsel. Übertrage es in deine Mappe oder dein Heft.

1 Nachbarland der USA
2 Besiedelten um 1000 n. Chr. die USA
3 US-Bundesstaat im Pazifischen Ozean
4 Gebirgskette im Westen der USA
5 Hauptstadt der USA
6 Tieflandebenen und Plateaus
7 Nördlichster Bundesstaat

1
2
3
4
5
6
7

Was habe ich gelernt?

1. Ich kann die Lage und Ausdehnung der USA mit der Europas oder Deutschlands vergleichen.
2. Ich kenne die naturräumlichen Großlandschaften der USA und kann diese auf einer Karte zeigen und sie benennen.
3. Ich kann ein West-Ost-Profil der USA skizzieren.
4. Ich kann den Verlauf großer Flüsse der USA sowie die Lage großer Städte auf einer Karte zeigen und beschreiben.
5. Ich kann die Niederschlagsverteilung sowie Temperaturverhältnisse in den USA beschreiben und daraus die verschiedenen Klimazonen herleiten.
6. Ich kann die Begriffe Stadt und City erklären.
7. Ich kann verschiedene Viertel einer Stadt auf einer Karte erkennen und ihre Lage beschreiben.
8. Ich kann mithilfe von Google Earth ein einfaches Modell einer Stadt entwickeln.
9. Ich kenne die Unterschiede der Stadtviertel einer Stadt in Deutschland und in den USA.

China – das bevölkerungsreichste

M1 Dauerbaustelle Shanghai – der Motor der chinesischen Wirtschaft

Land der Erde

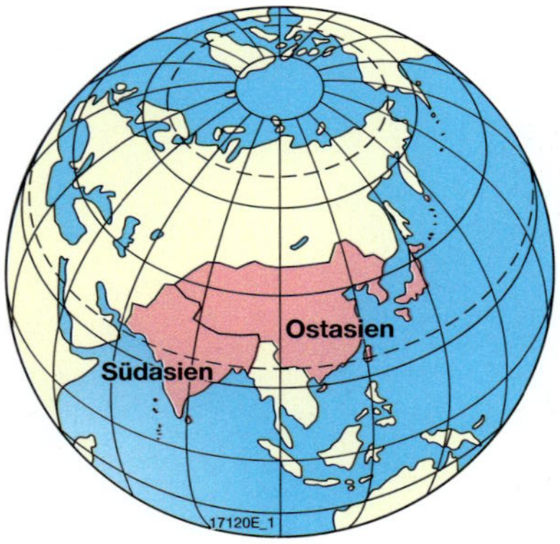

M1 Ost- und Südasien

M2 Hochgebirgslandschaft Indien

M3 Containerhafen von Hongkong

AUFGABEN

1 **a) Finde die Namen in M5 (Atlas).**
b) Wo wurden die Fotos a) bis i) aufgenommen (Atlas, Internet)? Nenne Länder / Regionen.

2 **Vergleiche die Länder Ost- und Südasiens hinsichtlich ihrer Größe und Bevölkerungszahl. Stelle eine Rangfolge auf (Länderranking).**

Ostasien und Südasien – zwei vielfältige Großregionen

Die Großregionen Ost- und Südasien umfassen eine Vielzahl von Ländern, wobei China und Indien den größten Teil des Raumes einnehmen. China ist das viertgrößte Land der Erde. Die Fläche ist ungefähr 27-mal so groß wie die der Bundesrepublik Deutschland (357 000 km²).

Zu Ostasien zählt man China, die Mongolei, Nordkorea, Südkorea, Japan und Taiwan. Mit Ausnahme von Nordkorea sind diese Länder wirtschaftlich sehr weit entwickelt oder weisen in vielen Bereichen eine rasante Entwicklung auf. Der Lebensstandard steigt stetig.

Südasien ist ein vielseitiger Raum. Allein in Indien werden über 100 Sprachen gesprochen. Es gibt eine Vielzahl unterschiedlicher Volksgruppen. Indien ist das bedeutendste Land der Region und die größte Demokratie der Welt. Die dominierende Religion ist der Hinduismus, gefolgt vom Islam.

Die Länder Südasiens sind wirtschaftlich größtenteils unterentwickelt. Indien besitzt jedoch ein großes wirtschaftliches Potenzial. Das Land verzeichnet ein hohes Wirtschaftswachstum. Immer mehr Menschen profitieren davon.

Land	Hauptstadt	Bevölk. in Mio.	Größe in km²	Region	Flagge
Bangladesch	Dhaka	164	147 570	Südasien	
Bhutan	Thimphu	0,4	46 500	Südasien	
China	Peking	1338	9 572 419	Ostasien	
Indien	Neu-Delhi	1189	3 287 263	Südasien	
Japan	Tokio	127	377 837	Ostasien	
Nepal	Kathmandu	36	147 181	Südasien	
Nordkorea	Pjöngjang	42	122 762	Ostasien	
Malediven	Malé	0,3	298	Südasien	
Mongolei	Ulan-Bator	2,6	1 564 100	Ostasien	
Pakistan	Islamabad	185	796 095	Südasien	
Sri Lanka	Colombo	21	65 610	Südasien	
Südkorea	Seoul	49	99 538	Ostasien	
Taiwan	Taipeh	23	36 006	Ostasien	

M4 Die Länder Ostasiens und Südasiens im Überblick

a) Yak-Herde in Tibet

b) Im Himalaya-Gebirge

c) Shinkansen – einer der schnellsten Züge der Welt

M5 Übungskarte Ost- und Südasien

d) Blick auf Lhasa

e) Große Mauer

f) Shanghai

g) Taj Mahal

h) Straßenszene in Kalkutta

i) Teepflückerin in Assam

Lage und Ausdehnung Chinas

AUFGABEN

1 **Vergleiche die Lage und Ausdehnung Chinas mit der Deutschlands, Europas und der USA.**

2 **a) Benenne die Nachbarstaaten Chinas (Atlas).**
b) Zeichne eine Kartenskizze von China und seinen Nachbarstaaten (Atlas).

3 **Übertrage M1 in deine Mappe oder dein Heft und ergänze die Einwohnerzahlen der angegeben Staaten (Internet).**

China – ein Großraum mit kontinentalem Ausmaß

Die Volksrepublik China ist mit einer Fläche von etwa 9,6 Mio. km^2 das viertgrößte Land der Erde. Als flächenmäßig größter Staat Ostasiens grenzt das Land an 14 Nachbarstaaten und besitzt eine Festlandsgrenze von etwa 23 000 km. Dazu kommt eine Küstenlinie von über 18 000 km Länge. Mehr als 5000 zumeist kleine und unbewohnte Inseln gehören darüber hinaus zum Staatsgebiet Chinas.

Aufgrund des riesigen Ausmaßes des Landes beträgt der Zeitunterschied zwischen den östlichen und westlichen Regionen der Volksrepublik eigentlich vier Stunden. Allerdings wurde die einheitliche Peking-Zeit für das gesamte Land vom Staat festgelegt.

Die kontinentale räumliche Ausdehnung des Landes hat zur Folge, dass China von zahlreichen naturgeographischen Extremen geprägt ist. So besitzt das Land sowohl zahlreiche Tiefländer als auch ausgeprägte und teilweise vergletscherte Hochgebirgsregionen. Zu den naturräumlichen Superlativen zählen die Achttausender des Himalaya, aber auch die Turfansenke, ein Becken, das bis zu 154 m unter dem Meeresspiegel liegt.

Zudem besitzt China durch seine gewaltige Größe Anteil an fast allen Klima- und Vegetationszonen der Erde. So besitzt die Insel Hainan zum Beispiel tropisches Klima, während in vielen Regionen im Norden und Westen des Landes Schnee- und Eisklimate vorherrschen.

Das Gewässernetz Chinas wird vor allem durch den Jangtsekiang, dem mit über 6000 km Länge drittlängsten Fluss der Erde, und durch den über 4800 km langen Huang He bestimmt.

Staat	Fläche (in Mio. km^2)
1. Russische Förderation	17,1
2. Kanada	9,9
3. USA	9,8
4. Volksrepublik China	9,6
5. Brasilien	8,5

M1 Staaten nach Größe

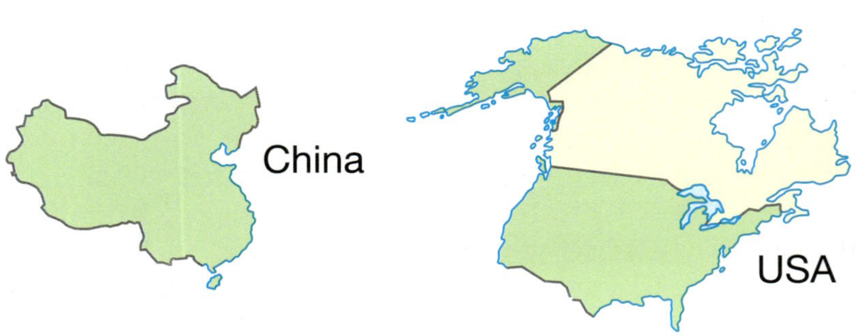

M2 Fläche Chinas im Vergleich mit Europa und der USA

Steckbrief China

Fläche: 9,572 Mio. km²
Einwohnerzahl: 1,351 Mrd. (2013)
Hauptstadt: Peking (ca. 11,5 Mio. Ew.)
Bruttonationaleinkommmen: 4930 US-$ pro Ew.; 2013 (vergleiche D: 43 980 US-$)
Städtische Bevölkerung: 44 %
Religion: Buddhismus und Konfuzianismus
Sprache: Chinesisch
Währung: Renminbi, Yuan
Staatsform: kommunistisches Land; zentral gelenkter Staat mit Ein-Parteien-System

Konfuzianismus

Er wird in erster Linie als Lehre des Zusammenlebens betrachtet und weniger als Religion. Diese Lehre wurde vor rund 2500 Jahren vom chinesischen Philosophen Konfuzius geprägt und von dessen Schülern weiterentwickelt. Im Mittelpunkt konfuzianischer Vorstellungen stehen Ideale der Menschlichkeit, Rechtlichkeit, aber auch Verhaltensnormen. Dabei spielen die Familiendisziplin, die Gemeinschaft und der Respekt vor den Ahnen, Eltern und Vorgesetzten eine wesentliche Rolle. Treue und Gehorsam gehören ebenso wie das Streben nach Harmonie und Ordnung in den zwischenmenschlichen Beziehungen zu den Haupttugenden. In zahlreichen Tempeln wird Konfuzius auch religiös verehrt.

Land des Drachens

So nannten die Völker der an China angrenzenden Länder schon vor Jahrhunderten ihren großen Nachbarn. Sie zollten ihm damit ihre Bewunderung, zeigten aber zugleich ihre Furcht vor dessen Stärke.
Über Jahrtausende regierten chinesische Kaiser als „Söhne des Himmels“ in weiten Teilen Ostasiens. Die chinesische Geschichte kann man mehr als 3000 Jahre zurückverfolgen. Schon am Ende des Mittelalters gab es hier Millionenstädte mit prächtigen Bauten und gut ausgebautem Straßennetz.
Lange vor uns konnten die Chinesen Seide und Porzellan, Stahl und Schießpulver herstellen. Schon vor 2000 Jahren schrieben sie auf Papier und erfanden wenig später den Buchdruck. Diese Erfindungen wurden als Staatsgeheimnisse sorgsam gehütet. Deshalb gelangten sie erst spät nach Europa oder mussten dort neu erfunden werden.

AUFGABE

4 **Recherchiere in Lexika und im Internet nach weiteren Erfindungen im alten China.**

Naturräume gliedern

M1 Die große Mauer, auch chinesische Mauer genannt, ist eine historische Grenzbefestigung. Ihr Bau wurde im 7. Jh. begonnen. Sie ist 21 196 km lang.

Das Relief Chinas

Angesichts seiner gewaltigen Größe besitzt China ein sehr vielfältiges und gegensätzliches Relief mit unterschiedlichen Landschaften. Gebirge, Hochländer und Hochplateaus nehmen etwa 60 Prozent der Fläche ein, wogegen 40 Prozent auf Becken, Ebenen und Flusslandschaften entfallen. Nur 16 Prozent der Landfläche liegen unter 500 m, aber 19 Prozent über 5000 m.

Das Relief Chinas lässt sich vereinfacht als Treppe darstellen. Es fällt von Westen nach Osten, vom Himalaya, den Kunlun-Gebirgsketten und dem von ihnen eingeschlossenen Hochland von Tibet (4000 m bis 5000 m ü. NN) über die zentralen Bergländer, Hochebenen und Becken (1000 m bis 2000 m ü. NN) zu den Hügelländern und Küstenebenen stufenweise ab. Daher kann man auch von einer Zweiteilung Chinas in einen höher gelegenen westlichen Teil und einen tiefer liegenden östlichen Teil sprechen.

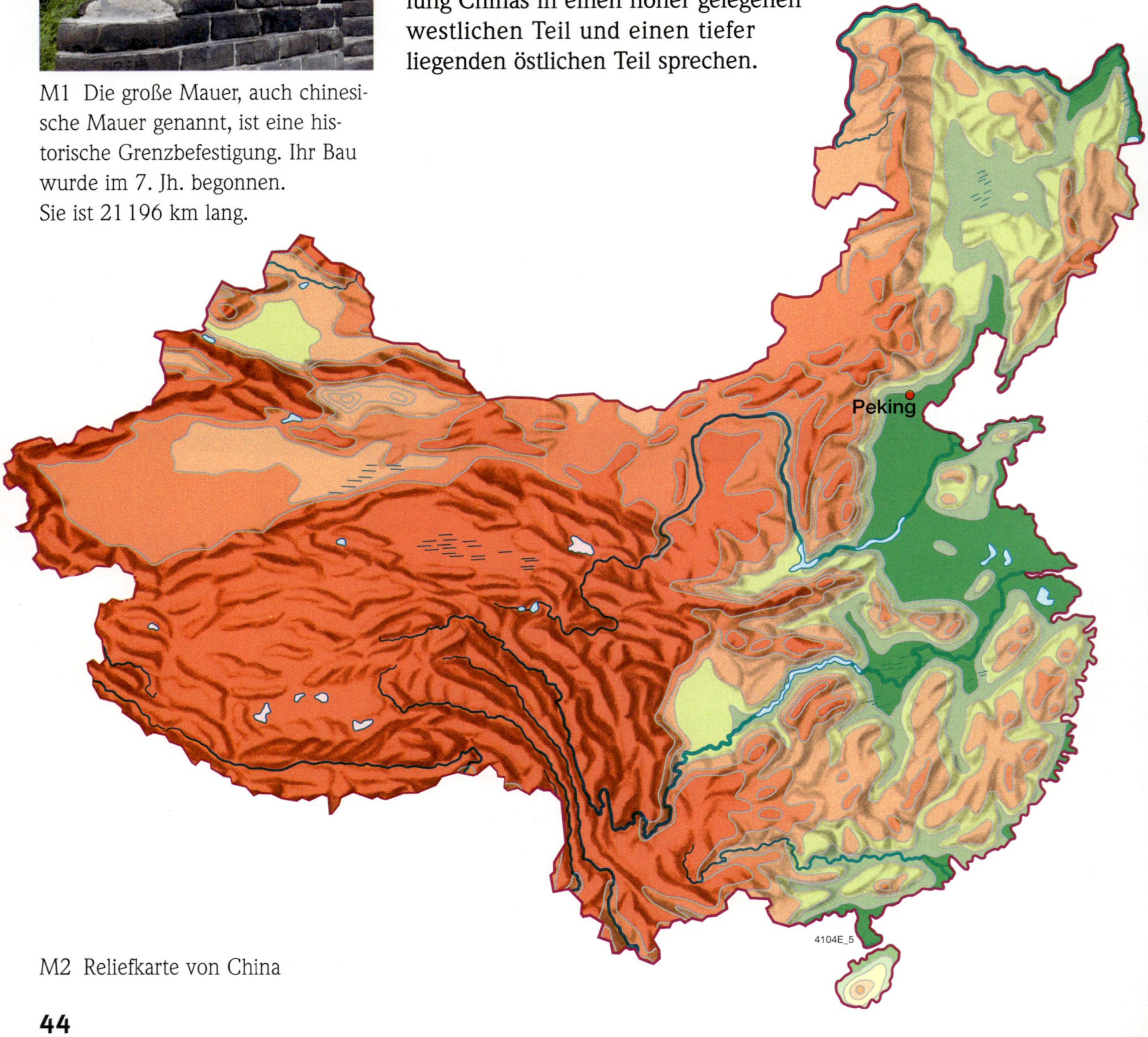

M2 Reliefkarte von China

M3 Berggipfel im Himalaya

M5 Im Pamirgebirge

M4 Jangtsekiang

M6 Nordchina (Grenze zur Mongolei)

So gliederst du einen Raum in verschiedene Reliefeinheiten

1. Suche im Atlas geeignete Karten des Raumes, den du gliedern willst. Sinnvoll ist es, Karten verschiedenen Maßstabs zu betrachten, damit du zunächst einen groben Überblick über die Reliefeinheiten erhältst und später Details erkennen kannst.
2. Gliedere den Raum zunächst mithilfe der Landhöhen, die dir eine Übersicht über die Höhenlage der einzelnen Räume geben. Wichtig ist im Anschluss jedoch, dass du nicht einfach die Landhöhen als Naturräume ansiehst (z.B. „im Osten findet man Landhöhen von 200–500 m“), sondern dass du angibst, welche Reliefeinheiten zu finden sind (siehe Infokasten).
3. Übertrage deine Gliederung in eine Faustskizze oder beschreibe die Lage der einzelnen Reliefeinheiten in Textform. Achte dabei darauf, dass du strukturiert vorgehst, zum Beispiel von West nach Ost oder vom Hochgebirge zum Küstentiefland. Beachte zudem, dass du nun neben der Reliefeinheit (z.B. Hochgebirge) in deiner Beschreibung den Namen der Reliefeinheit angibst (z.B. Himalaya).

INFO

Reliefeinheiten

Folgende Reliefeinheiten werden überwiegend unterschieden:

- ***Hochgebirge:*** Berggruppe oder Gebirgszüge, meist über 2000 m ü.NN mit großen Höhenunterschieden und steilen Hängen
- ***Hochebene/Plateau:*** Ebene, meist über 1500 m ü.NN gelegen
- ***Becken:*** Ebene, die von höher liegendem Gebiet und meist von Gebirge umgeben ist
- ***Mittelgebirge:*** Berggruppe, meist zwischen 500 m ü.NN und unter 2000 m ü.NN mit relativ großen Höhenunterschieden
- ***Mittelgebirgsebene:*** Ebene, meist zwischen 200 m ü.NN bis 1500 m ü.NN gelegen
- ***Berg- und Hügelland:*** leicht welliges Land, meist zwischen 200 m ü.NN und 500 m ü.NN gelegen
- ***Tiefland:*** Ebene/Flachland, meist unter 200 m ü.NN gelegen, teilweise auch als Tiefebene, Küstenebene oder Flussebene bezeichnet
- ***Depression:*** kleinräumiges, „schüsselartiges“ Gebiet, das unter dem Meeresspiegel liegt

AUFGABEN

1 **Erstelle eine Faustskizze zu den großen Reliefeinheiten Chinas.**

2 **Beschreibe die Lage der großen Reliefeinheiten Chinas in Textform.**

3 **Ordne die Fotos M3–M6 den Reliefeinheiten Chinas zu und begründe deine Antwort.**

INFO

Delta

Als Delta bezeichnet man eine Aufschüttung von Gesteins- und Bodenmaterial vor einer Flussmündung in das Meer oder in einen See. Ein Delta hat einen dreiecksähnlichen Grundriss. Durch neue Ablagerungen wächst das Delta in den See oder in das Meer hinaus.

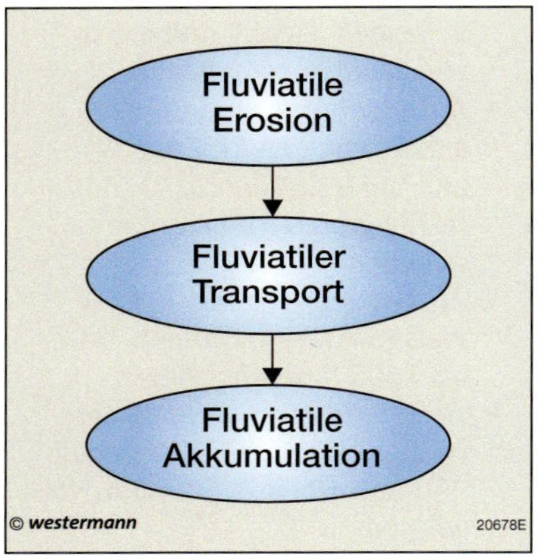

M1 Arbeit eines Flusses

Flüsse formen die Erdoberfläche

Fließendes Wasser ist maßgeblich an der Formgebung der Erdoberfläche beteiligt. Der Weg eines Flusses von der Quelle bis zur Mündung wird in drei Abschnitte gegliedert: den Oberlauf, den Mittellauf und den Unterlauf des Flusses.

In den drei genannten Abschnitten wechseln fluviatile **Erosion** (Abtragung), Transport und **Akkumulation** (Ablagerung; auch Sedimentation genannt) des mitgeführten Materials. Welche der Tätigkeiten jeweils überwiegen, hängt vom Gefälle, von der Fließgeschwindigkeit, von der Härte des Untergrundes und der Wassermenge ab. Während im Oberlauf der Flüsse die Abtragung überwiegt, ist im Unterlauf die Ablagerung sehr ausgeprägt.

Die Erosion wirkt als **Tiefenerosion** auf dem Grund des Flussbettes und als **Seitenerosion** an den Ufern des Flussbettes. Bei der Seitenerosion werden die Uferhänge unterhöhlt, sodass nach und nach Gestein und Boden abrutschen. So kommt es zu einer Verbreiterung des Flussbettes. Das vom Fluss mitgeführte Gestein wird auf der Sohle des Flusses transportiert und dabei gerundet. Man bezeichnet es als Geröll. Der Fluss transportiert auch kleinste Teilchen im schwebenden Zustand. Sie bilden die Flusstrübe. Außerdem werden gelöste Stoffe im Wasser mitgeführt.

Die Transportkraft verändert sich vom Oberlauf über den Mittellauf zum Unterlauf; am Ende werden schließlich nur noch Schwebstoffe transportiert.

Im Unterlauf kommt es zur verstärkten Ablagerung von Material. Diesen Vorgang nennt man Akkumulation oder Sedimentation. Im Oberlauf, wo wenig Material akkumuliert wird, lagern die Flüsse überwiegend gröbere Gesteine, im Mittel- und Unterlauf feinere ab. In den Unterläufen bilden sich so in Jahrtausenden mächtige **Aufschüttungsebenen.**

Wenn Flüsse in andere Flüsse oder ins Meer münden, können sich Schwemmkegel bilden. Viele große Flüsse der Erde haben ihr mitgeführtes Material zu riesigen **Deltas** aufgeschüttet.

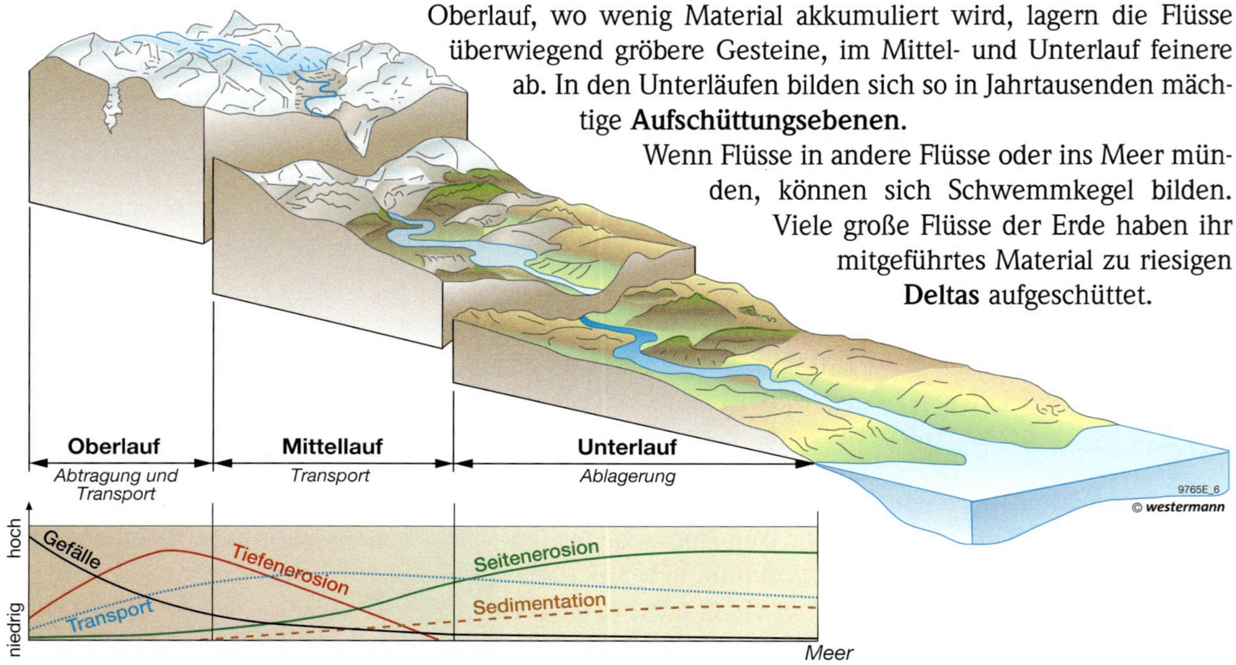

M2 Arbeit in den einzelnen Flussabschnitten

Der Huang He – Lebensader Chinas

Der Huang He, das heißt Gelber Fluss, ist mit einer Gesamtlänge von 4845 km der zweitlängste Fluss Chinas. Die Quellflüsse des Huang He entspringen in Zentralchina im Kunlun Shan. Seinen Namen hat der Fluss vom **Löss** (Huang tu: gelbe Erde), den er entlang des mittleren Einzugsgebietes im nordchinesischen Bergland aufnimmt. Der Huang He weist die größte Schlammführung aller Flüsse der Erde auf. Von Lanzhou im Westen bis Zhengzhou im Osten transportieren seit Jahrtausenden die winterlichen Stürme feinen Staub aus den innerasiatischen Wüsten. Das Steppengras hält den Flugstaub (Fluglöss) fest, sodass jährlich neue fruchtbare Lössschichten entstehen, die seit über 4000 Jahren besonders intensiv ackerbaulich genutzt werden.
Den spätsommerlichen Niederschlägen, die meist als Starkregen fallen, ist dieser Boden jedoch ungeschützt ausgesetzt und das abfließende Wasser spült die Böden samt der Saat in den Fluss (1,6 Mrd. t/Jahr). Die Regierung und die Weltbank investieren viele Milliarden Dollar in die Aufforstungen, die die Bodenabtragung durch Wind und Wasser stoppen sollen.
Der Huang He ist seit Beginn des neuen Jahrhunderts am Unterlauf kaum mehr als 100 m breit und nur noch einige Zentimeter tief. Mühsam windet er sich in der Küstenprovinz Shandong durch Sandbänke in Richtung des Bohai-Meeres.

AUFGABEN

1 **Erläutere den Zusammenhang von Erosion, Transport und Akkumulation durch das fließende Wasser.**

2 **Beschreibe den Verlauf des Huang He.**

3 **Erkläre die Entstehung und Verlagerung von Löss am Huang He.**

Abtragungs- bzw. Ablagerungsräume	z. B. Helian-Gebirge	Lösshochebene	Luliang und Taihang-Gebirge	Fußfläche und nordchinesische Tiefebene	Bohai-Meer
Art der Verfrachtung	Auswehung von Gesteinsstaub (Fluglöss)	bis zu 100 m mächtige Lössablagerungen, starke Erosion	Abspülung des Löss, an Lee-Seiten noch Lösspakete	Flussablagerungen, u. a. „Schwemmlöss" (häufig Überschwemmung)	starke Verlandung des küstennahen Schelfbereichs

M3 Lössverlagerung am Huang He

AUFGABEN

1 **Beschreibe die Lage der Klimastationen in M1 mithilfe von M4 und einer Atlaskarte.**

2 **Stelle die Charakteristika des Klimas in den einzelnen Klimastationen in M1 heraus.**

3 **Beschreibe die Niederschlagsverteilung in China (M4).**

Feuchter Osten – trockener Westen

Chinas Klimaverhältnisse sind außerordentlich vielfältig. Das Land hat an verschiedenen Klimazonen Anteil.
So weist im Süden des Landes zum Beispiel die Stadt Kanton ein subtropisches Klima auf, während der Norden eher ein warmgemäßigtes Klima besitzt.
Aufgrund der Höhenlage findet man im Westen im Bereich der Hochgebirge und Hochebenen Hochgebirgsklima.
Das Klima wird wesentlich von der Breiten- und der Höhenlage, aber auch von der Weite des Raumes bestimmt. Dazu kommen noch Meeresströmungen und jahreszeitlich wechselnde Winde, die sich auf die Temperatur- und Niederschlagsverhältnisse auswirken.
Innerhalb der gemäßigten Zone unterscheidet man auch in China maritim geprägte Regionen an der Küste und Gebiete mit kontinentalem Klima im Landesinneren.
Die Küstenregionen erhalten höhere Jahresniederschläge und werden deshalb als „feuchter Osten“ bezeichnet, wohingegen der Westen Chinas geringe Niederschläge im gesamten Jahr aufweist und „trockener Westen“ genannt wird.

M1 Klimadiagramme von vier chinesischen Klimastationen ▷

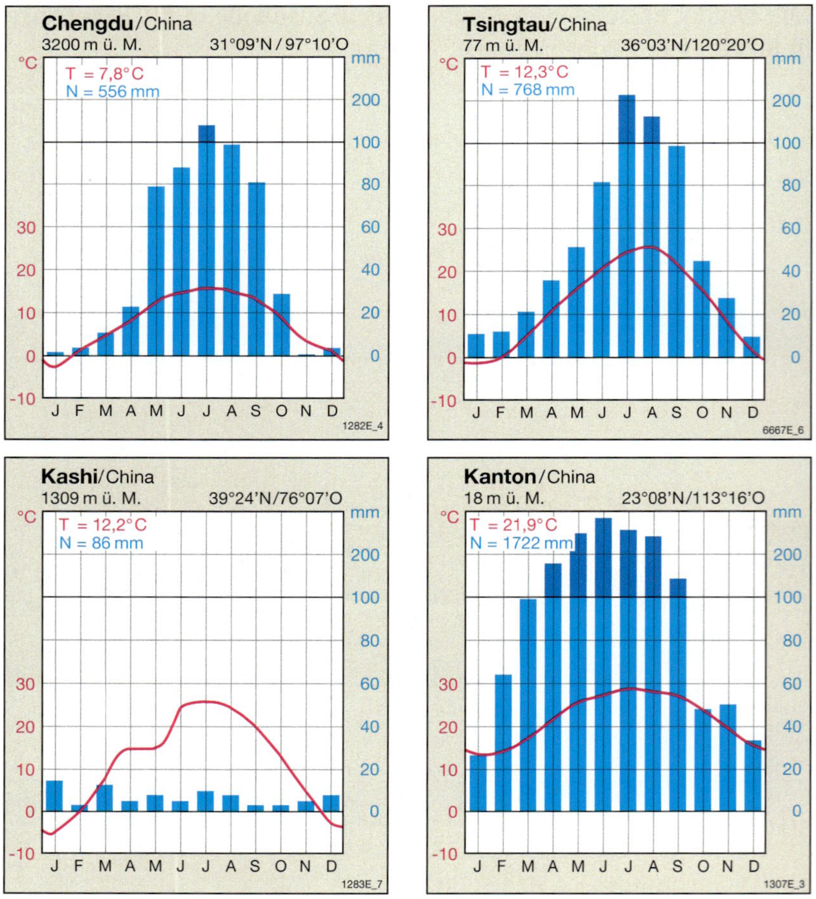

HanHai – „Trockenes Meer"

Die Chinesen fassen alle Landschaften nördlich des Kunlun unter dem Namen HanHai zusammen. In diesen meeresfernen, abflusslosen Trockengebieten werden lange, sehr kalte Winter von kurzen, heißen Sommern abgelöst. Weite Täler werden von hohen Bergketten eingerahmt. Mit ihren gewaltigen Sanddünen erwecken diese Wüstenlandschaften den Eindruck eines wogenden Meeres. Flüsse, die von den Gletschern der umliegenden Gebirge gespeist werden, verdunsten oder versickern im Wüstensand. Andere enden in Salzsümpfen oder flachen Salzseen. Selbst Kamelkarawanen meiden die Kernräume der Trockengebiete. Die Trassen verlaufen an den Beckenrändern, dort gibt es Wasserplätze und Oasen. An solchen günstigen Stellen wächst eine schüttere Steppenvegetation.

M2 Han Hai

M6 Tarimbecken

M3 Himalaya

M5 Kegelkarst in Südchina

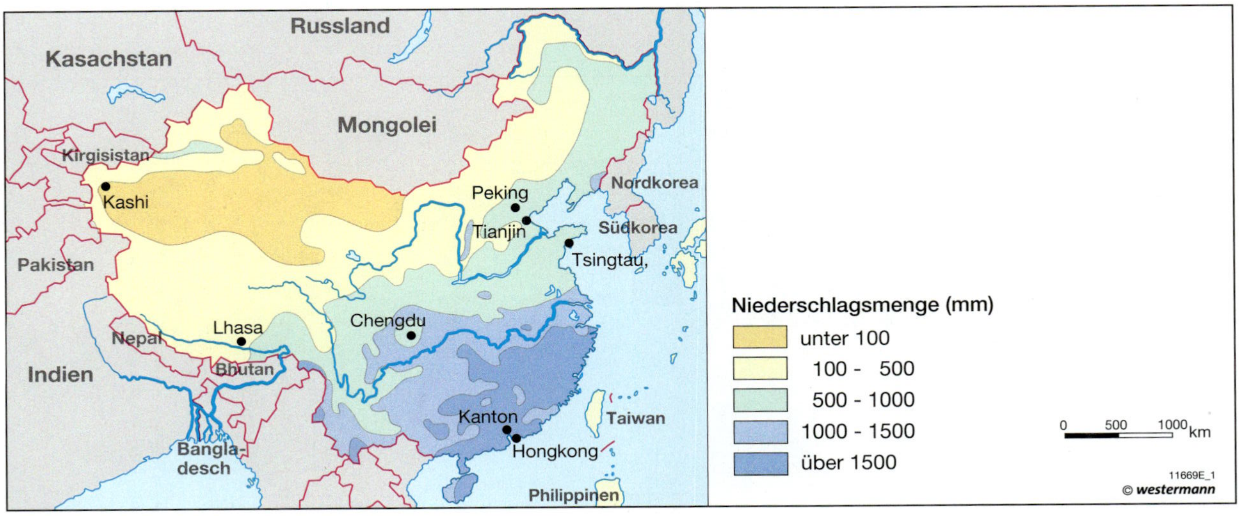

M4 Niederschlagsverteilung in China

AUFGABEN

1 **Erkläre den Jahresgang der Niederschläge in Tianjin (M1).**

2 **Erstelle eine Faustskizze mit den Böden Chinas.**

3 **Begründe in M5 die Eignung verschiedener Räume für die Landwirtschaft in China. Berücksichtige dabei die Aspekte Boden, Klima und Relief.**

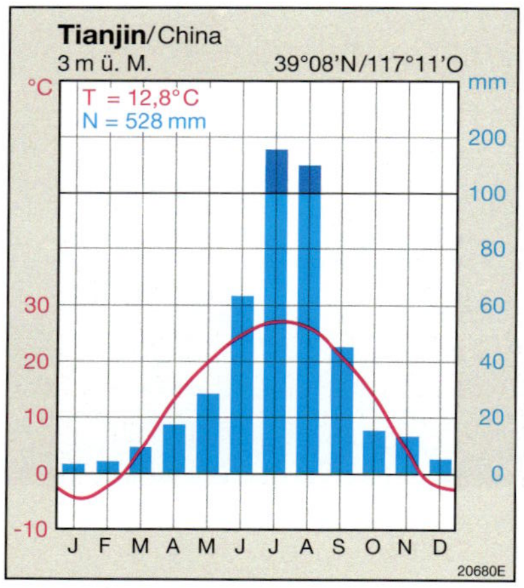

M1 Klimadiagramm Tianjin

Der Monsun prägt das Klima Chinas

Der **Monsun** ist Teil der großen Windgürtel der Erde und wirkt vor allem in Asien. Es ist ein beständig wehender, kontinentweiter Wind mit halbjährlichem Richtungswechsel. Das Wort Monsun kommt vom arabischen „mausim“ und bedeutet so viel wie Jahreszeit. Der Monsun wird im Wesentlichen durch die unterschiedlich schnelle Erwärmung und Abkühlung von Land und Meer ausgelöst.

Auch in China prägt der Monsun das Klima. Der außertropische *Wintermonsun* kommt aus Nordwesten und wird in China daher auch Nordwest-Monsun genannt. Er weht aus dem asiatischen Kältehoch in die sich auf der Südhalbkugel befindliche Innertropische Konvergenzzone (ITC). Er ist ein aus dem Landesinneren wehender kalter und trockener Wind, der in allen Gebieten nördlich des Jangtsekiang zu niedrigen Temperaturen führt und dem gesamten Land Trockenheit bringt. Da er letztlich vom Land auf das Meer weht, wird er als **ablandiger Wind** bezeichnet.

Der außertropische *Sommermonsun* dagegen weht aus dem subtropischen Hochdruckgürtel aus Südosten in das Hitzetief auf der Nordhalbkugel hinein und wird daher in China auch Südost-Monsun genannt. Er ist ein **auflandiger Wind** und transportiert feuchte Luftmassen vom Ozean in Richtung Festland. Diese bringen viele Niederschläge, welche oft sogar zu großflächigen Überschwemmungen führen.

In der Folge der jahreszeitlich wechselnden Winde ist der Westteil Chinas vorwiegend trocken. Durch die Barrierewirkung der Gebirge können die feuchten Luftmassen des Sommermonsuns nicht bis in den Westen vordringen. Gleichzeitig sorgen die Gebirge in den Wintermonaten für eine Abschwächung der trocken-kalten Winde aus dem Landesinneren nach Südosten. Folglich herrscht im Winter zwischen dem Norden und dem Süden ein extremes Temperaturgefälle von über 30 °C.

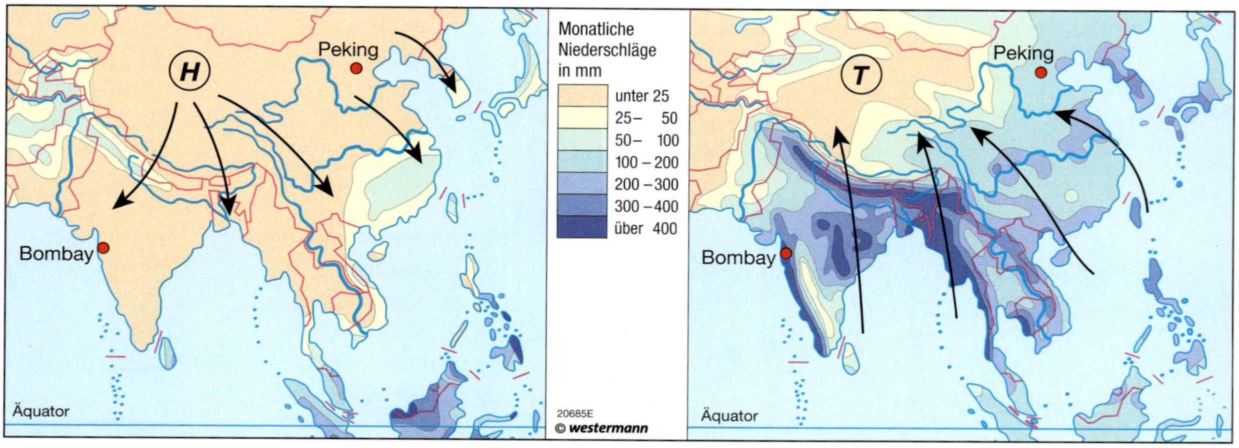

M2 Monsunwinde und Niederschläge im Winter (links) und im Sommer (rechts)

M3 Reisterrassen in der Provinz Yunnan

Böden und Landwirtschaft

Große Teile Chinas sind durch die kargen Böden der Hochgebirgs- und Bergländer gekennzeichnet. Darüber hinaus weisen weite Räume wie die Wüste Gobi oder das Tarimbecken die für Wüsten typischen unfruchtbaren Stein- und Sandböden auf.
Die fruchtbarsten Böden des Landes finden sich in Nordchina. Diese Region umfasst zum einen die gesamte Mandschurei im Nordosten und zum anderen die Lösshochebene des nordchinesischen Berglandes. Hier sammelt sich Fluglöss. Aus dem Löss bilden sich tiefgründige, äußerst fruchtbare Böden wie die **Schwarzerdeböden**, die allerdings auch sehr erosionsanfällig sind. Ebenfalls fruchtbare Böden sind die so genannten **Schwemmlandböden** in den Tiefländern der großen Ströme. Diese sind durch Ablagerungen von mitgeführtem Material der Flüsse entstanden. Die nordchinesische Tiefebene, die Große Ebene, hat der Huang He mit fruchtbarem Schwemmlöss gefüllt und auch das Jangtsekiang-Tal besteht aus einer Reihe von Becken mit fruchtbaren Schwemmlandböden. Die Böden in Südchina sind trocken und müssen bewässert werden.

M4 Folgen des Monsuns in Südchina

M5 Verteilung der Landwirtschaft in China

Wusstest du schon, dass China
... rund ein Fünftel der weltweiten Getreide- und Kartoffelproduktion erzeugt?
... mit mehr als 186 Mio. t rund ein Drittel der Reisernte der Erde erbringt?
... mit mehr als 90 Mio. t produziertem Fleisch (2012) mehr als ein Drittel der Weltproduktion hervorbringt?

M1 Schon gewusst?

1,35 Milliarden Menschen wollen ernährt sein

Hungersnöte, früher eine Geißel der Chinesen, scheinen überwunden zu sein. Dennoch konnte China in manchen Jahren seine Bevölkerung kaum ernähren. Wo liegen die Ursachen?

1. Nur zehn Prozent des Landes können ackerbaulich gut genutzt werden. Wüsten und Hochgebirge im Westen lassen die landwirtschaftliche Nutzung kaum zu.
2. Der regenreiche Osten ist die „Getreidekammer“ Chinas. Das Gebiet ist aber anfällig für Dürren und Überschwemmungen.
3. Der Nahrungsbedarf steigt. Ohne gezielte Maßnahmen würden im Jahr 2025 1,5 Mrd. Menschen in China leben. Für sie wären dann etwa 370 Mio. t Getreide zu wenig vorhanden. Der Fleiß der chinesischen Bauern, die Verwendung von hochwertigem Saatgut und verstärkter Düngemitteleinsatz lösen dieses Problem nicht.
4. Die Regierung hat sich vorgenommen, die Ackerfläche um ein Fünftel zu erhöhen. Andererseits nimmt die landwirtschaftliche Nutzfläche durch Bodenerosion ab. Zudem weiten sich die Millionenstädte aus und „schlucken“ fruchtbares Ackerland.

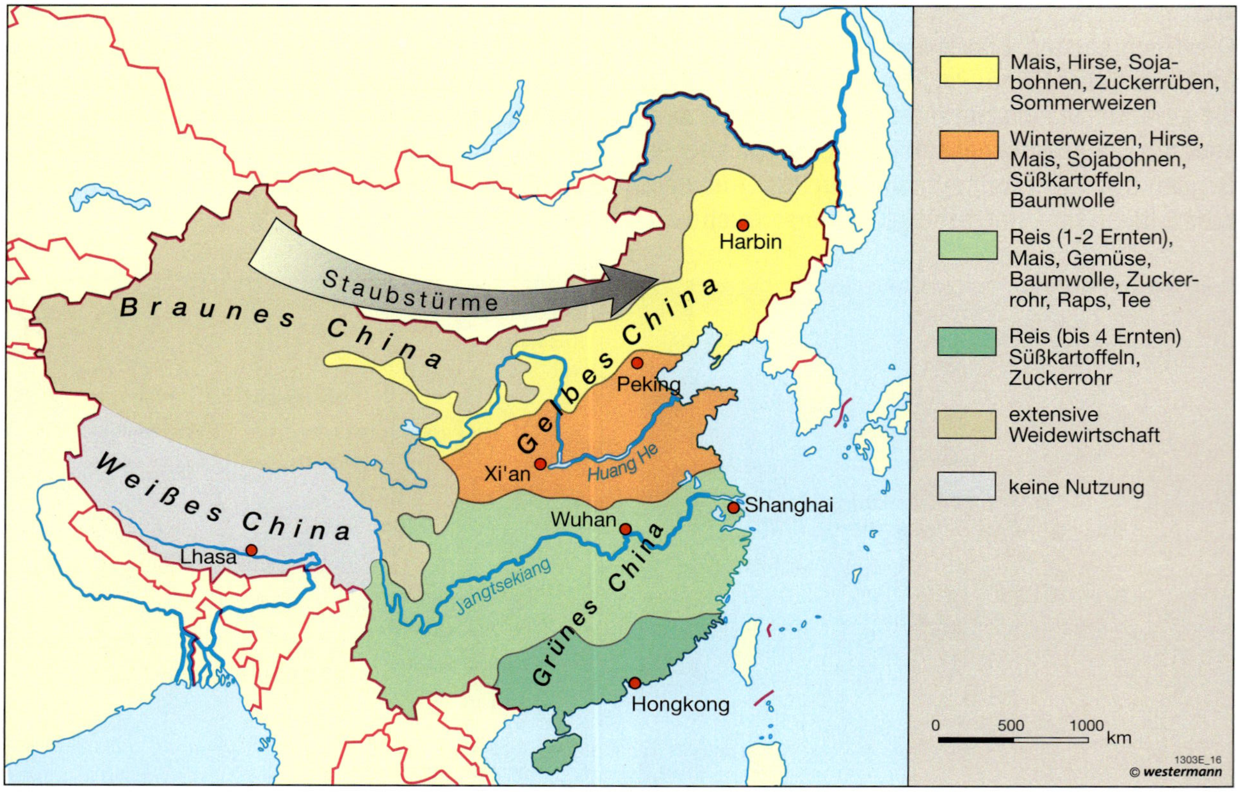

M2 Anbauregionen in China

Wandel in der Landwirtschaft

Hunderte Millionen Chinesen wohnen auf dem Land. Jeder Dritte von ihnen muss mit weniger als umgerechnet 0,77 Euro am Tag auskommen. Nur wenige Menschen können hier ausreichend lesen und schreiben, weil die 35 Yuan (3,42 Euro) Schulgeld im Jahr für viele zu teuer sind. Außerdem müssen die Kinder schon früh auf den Feldern und in den Ställen mitarbeiten. Für die Schule bleibt keine Zeit und die Kinder kommen der Schulpflicht deshalb nicht nach.
Nicht einmal die Hälfte der Dörfer ist über feste Straßen zu erreichen. Ein Großteil hat weder elektrischen Strom noch fließendes Wasser.
Früher bestimmte in China der Staat, was angebaut werden sollte. Nun pachten die Bauern Land zur privaten Bewirtschaftung. In den stadtnahen Gebieten hat dies dazu geführt, dass sich die Betriebe auf Produkte spezialisiert haben, die in der Stadt gut verkauft werden können: Obst, Gemüse und Fleisch.
Zwei Prozent der gesamten Ackerfläche Chinas werden heute noch von Staatsbetrieben bearbeitet, aber auch sie richten ihre Produktion nach dem Absatzmarkt aus.

M4 Gemüseanbau in Guilin

Der Marktort war und ist auch heute einer der Grundpfeiler der chinesischen Agrargesellschaft und des chinesischen Alltagslebens. Neben Standardmärkten gibt es noch Saisonmärkte oder Großmärkte in den Außenbezirken von Städten, wie zum Beispiel der „Glockentempelmarkt" im Nordwesten Pekings, der sich zur größten „Börse" für Agrarerzeugnisse und landwirtschaftliche Nebenprodukte in ganz China entwickeln konnte. Ein Viertel des heutzutage in Peking verzehrten Gemüses kommt von diesem Markt, der täglich von rund 30 000 Groß- und Einzelhändlern besucht wird. Die meisten Verkäufer sind Bauern, die Mehrzahl der Kunden Straßenhändler. Sie decken sich hier am Morgen mit Gemüse und Obst ein, transportieren die Ware dann auf ihren Lastfahrrädern in die Stadt und verkaufen sie dort mit Gewinn weiter. Auf allen Märkten bewegt sich ein nie enden wollender Käufer- und Händlerstrom zwischen den überdachten Ständen und zwischen den sorgfältig nebeneinander platzierten Handkörben hindurch. Überall geht es laut, ja ohrenbetäubend zu; doch niemand scheint sich daran zu stören, vor allem nicht die Verkäufer, die stets alle Hände voll zu tun haben und mit größter Geschicklichkeit Fische schlachten, Schweinehälften zerlegen, Zuckerrohr schälen oder an kleinen Ständen Essen zubereiten.

(Nach O. Weggel.: Alltag in China, S. 26/27)

M3 Märkte – ein Teil des chinesischen Alltagslebens

AUFGABEN

1 Beschreibe die landwirtschaftliche Nutzung in den verschiedenen Anbauregionen Chinas (M2, Atlas).

2 Erkläre die Bezeichnungen für die Anbauregionen in China (M2).

3 Nenne Gründe für die zeitweiligen Ernährungsengpässe in China.

4 Beschreibe die Rolle, die Märkte im Alltag der Chinesen spielen.

Die Bevölkerung Chinas im weltweiten Vergleich

INFO

Bevölkerungsgeographie

Geburtenrate: Zahl der Lebendgeburten pro 1000 Einwohner pro Jahr
Sterberate: Zahl der Todesfälle pro 1000 Einwohner pro Jahr
Wachstumsrate: Geburtenrate minus Sterberate
Säuglingssterblichkeit: Anzahl der Todesfälle bei Säuglingen im ersten Lebensjahr pro 1000 Lebendgeborene
Fruchtbarkeitsrate: Zahl von Kindern, die eine Frau in ihrem Leben im Alter von 15 bis 49 Jahren gebärt (Durchschnitt)
Lebenserwartung bei Geburt: auf Grundlage heutiger Sterberaten berechneter Durchschnittswert für Neugeborene
Bevölkerungsdynamik: Geschwindigkeit des Anwachsens oder Schrumpfens der Bevölkerungszahl eines Landes oder einer Region
natürliches Bevölkerungswachstum: die Differenz zwischen der Anzahl an Geburten und Todesfällen

Die Weltbevölkerung wächst

Auf der Erde leben heute mehr als sieben Milliarden Menschen. Jede Sekunde kommen 2,6 Erdenbürger hinzu, pro Jahr sind das rund 83 Millionen Menschen. Allerdings gibt es deutliche regionale Unterschiede bei der Verteilung und Entwicklung der Bevölkerung. Heute leben etwa 60 Prozent der Weltbevölkerung in Asien. Während das Wachstum der Weltbevölkerung vor allem in den Entwicklungsländern stattfindet, stagniert die Zahl der Menschen in vielen Industrieländern oder geht sogar zurück.
China beheimatet heute über 1,35 Milliarden Menschen. Dabei wächst die Bevölkerung jedes Jahr noch um ca. elf Millionen Einwohner. Auch in den USA mit ihren 313 Millionen Einwohnern wächst die Einwohnerzahl jährlich weiter an. Deutschland dagegen verzeichnet mit seinen etwa 80 Millionen Einwohnern (2013) einen Bevölkerungsrückgang.

Demographische Grundlagen

Die Demographie (griechisch „demos“: „Volk“, „graphe“: „Schrift, Beschreibung“) liefert demographische Basisdaten, mit denen sich die Bevölkerungsstruktur und Bevölkerungsentwicklung von Ländern und Regionen vergleichen lassen. Sie analysiert Größe, Zusammensetzung, Verteilung, Dichte, Wachstum sowie Veränderungen der Bevölkerung und betrachtet deren Ursachen und Folgen. Grundlage demographischer Untersuchungen sind statistische Erhebungen (z.B. Stichproben, Volkszählungen oder Datenerhebungen von Ämtern). Da derartige Angaben häufig erst seit etwa 1850 vorliegen, beruhen Aussagen über die Bevölkerung in früheren Zeiten meist auf Kirchen- und Steuerbüchern.

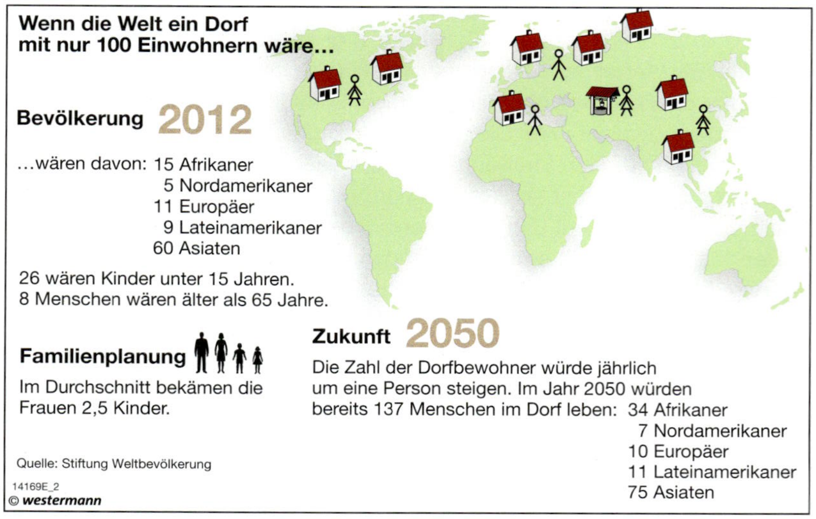

M1 Die Welt als Dorf

AUFGABE

1 **Beschreibe die Entwicklung und Verteilung der Weltbevölkerung zwischen 2012 und 2050 (M1, Atlas).**

Daten vergleichen

So vergleichst du statistische Daten

1. Lege das Thema fest, unter dem der Vergleich stattfinden soll.
2. Notiere Aspekte, die zum Thema gehören.
3. Bearbeite die Materialien, anhand derer du vergleichen willst, immer unter einem der Aspekte. Ermittle Gemeinsamkeiten und Unterschiede. Erstelle dazu eine Tabelle.
4. Fasse die wesentlichen Ergebnisse des Vergleichs zusammen (ziehe ein Fazit).
5. Suche nach den Ursachen (und eventuell den Folgen) für die Gemeinsamkeiten und die Unterschiede.

Beachte!
Ein Sprichwort sagt: „Man kann nicht Äpfel mit Birnen vergleichen!" Das ist im Prinzip richtig. Es gibt jedoch eine Ausnahme, wenn man für beide einen „gemeinsamen Nenner" finden kann – einen Aspekt, unter dem sie sich vergleichen lassen. Äpfel und Birnen sind Früchte. Sie können reif oder unreif sein. Man könnte also sagen: In Korb 1 (mit zehn roten Äpfeln) liegen doppelt so viele reife Früchte wie in Korb 2 (mit fünf grünen Birnen).

M2 Die Zahl alter Menschen nimmt in China zu.

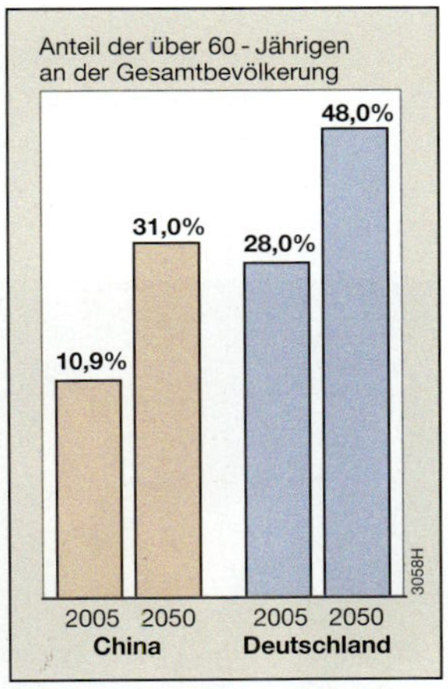

M4 Vergreisende Gesellschaft

Bevölkerungsmerkmal	China	USA	Deutschland
Bevölkerung 2012 (in Mio.)	1350,4	313,9	80,5
Bevölkerungsdichte (Einw./km²)	141	33	225
Geburtenrate (in ‰)	12	13	8
Sterberate (in ‰)	7	8	10
Säuglingssterberate (in ‰)	17	6	3,4
Fruchtbarkeitsrate	1,5	1,9	1,4
Lebenserwartung in Jahren	75	79	80
Einwohner über 64 Jahre (in %)	9	13	21
Einwohner unter 15 Jahre (in %)	16	20	13
städtische Bevölkerung (in %)	51	79	73
Bevölkerungsprojektion 2025 (in Mio.)	1402,1	351,4	79,2
Bevölkerungsprojektion 2050 (in Mio.)	1310,7	422,6	71,5

(Quelle: www.weltbevoelkerung.de)

M3 Demographische Basisdaten von China, den USA und Deutschland

AUFGABE

2 **Vergleiche die demographischen Basisdaten von China, den USA und Deutschland (M3).**

Die Bevölkerung Chinas

AUFGABEN

1 **Beschreibe die Bevölkerungsentwicklung Chinas (M2 – M5).**

2 **Erläutere Ursachen und Folgen der Bevölkerungsentwicklung.**

3 **Wandele die Informationen über die Altersverteilung Chinas mit geeigneter Computersoftware in Diagramme um und beschreibe die Entwicklung (M2).**

1,35 Milliarden Chinesen – ein Ende des Wachstums in Sicht?

Jedes Jahr wächst die Gesamtbevölkerung Chinas um ca. elf Millionen Einwohner. Damit wächst der jährliche Bedarf an Getreide um über drei Milliarden Kilogramm. Es müssen zusätzlich über 30 Mio. m Stoff produziert und über 60 Mio. m^2 Wohnfläche zur Verfügung gestellt werden.

Immer wieder erscheinen in der chinesischen Presse Artikel, die den Menschen die Folgen des Bevölkerungswachstums drastisch vor Augen führen. Und tatsächlich ist die Lage des Landes schwierig. China ist mit rund 1,35 Mrd. Menschen das bevölkerungsreichste Land der Erde.

Das Reich der Mitte zählte schon immer zu den bevölkerungsreichen Ländern. Kinder galten traditionell als Segen der Familien. Sie dienten vor allem auf dem Land als Arbeitskräfte und bedeuteten die Absicherung der Eltern im Alter. Da jedoch durch Kriege, Epidemien, Naturkatastrophen und schlechte medizinische Versorgung viele Menschen starben, wuchs die Bevölkerung nur langsam.

M1 Kinder werden in China seit altersher geschätzt.

	1964	1982	1990	2000	2010
Kinder/Jugendliche (0 – 14 Jahre)	41 %	34 %	28 %	23 %	17 %
Arbeitskräftepotenzial (15 – 64 Jahre)	56 %	62 %	67 %	70 %	74 %
alte Menschen (≥ 65 Jahre)	4 %	5 %	6 %	7 %	9 %
Jungen pro 1000 Mädchen bei der Geburt*	1038	1076	1118	k. A.	1133

* Ein Jungenüberschuss bei Neugeborenen von 3 – 6 % gilt als normal.

M2 Wichtige Strukturdaten zur Bevölkerung Chinas

M3 Der Bedarf an neuem Wohnraum in China wächst; hier in der Stadt Kanton in Südchina

Chinas Bevölkerung – einem ständigen Wandel ausgesetzt

Seit der Mitte des vergangenen Jahrhunderts stieg die Bevölkerung Chinas enorm an (M5). Man spricht auch von einer „Bevölkerungsexplosion“. Anfang der 1980er-Jahre wurde die Ein-Milliarden-Grenze überschritten. Gründe hierfür sind unter anderem die wirtschaftliche Entwicklung, politische Stabilität, eine verbesserte Ernährungslage und medizinische Betreuung, die zum Rückgang der **Sterberate** führten (M4).
Auch heute werden in China über 30 Kinder pro Minute geboren. Dadurch steigt zwar die Einwohnerzahl noch an, aber das Wachstum hat sich verlangsamt. Die jährliche Geburtenzahl sank zwischen 1975 und 2000 von 25 Mio. auf rund 19 Mio. – 1,5 Geburten pro Frau (in den 1950er-Jahren noch über 6) sind es heute nur noch. Nachdem um 2030 mit 1,5 Mrd. Chinesen das Maximum erreicht sein wird, schrumpft die Einwohnerzahl des Landes ab 2040. Damit greift die seit den 1980er-Jahren praktizierte Bevölkerungspolitik, die auf rigorose Geburtenkontrolle zur Durchsetzung der Ein-Kind-Familie ausgerichtet ist.
Während nämlich der Anteil der Kinder und Jugendlichen in China sinkt, gibt es heute bereits rund 130 Mio. Chinesen, die älter als 60 Jahre sind. Bis zum Jahr 2050 wird sich der Wert auf 400 Mio. erhöhen.
Damit steigt der Anteil älterer Menschen in den nächsten 40 Jahren auf nahezu 20 Prozent, in den Städten sogar auf 40 Prozent an. Das hat zur Folge, dass die Sterberate altersbedingt über der sinkenden **Geburtenrate** liegen wird.

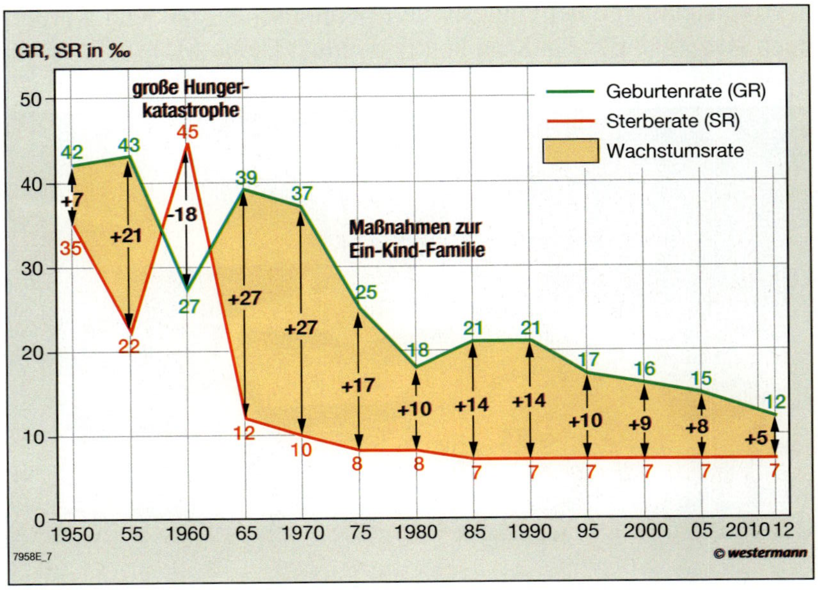

M4 Geburten und Sterberaten in China

Jahr	Bev.- wachstum in %	Bev. gesamt in Mrd.
1950	2,52	0,55
1960	1,70	0,65
1970	2,59	0,83
1980	1,34	0,99
1990	1,39	1,14
2000	0,81	1,26
2010	0,56	1,34
2020	0,42	1,42
2030	0,10	1,45
2040	−0,18	1,44
2050	−0,35	1,40

M5 Bevölkerungsentwicklung Chinas (inkl. Prognose)

AUFGABE

4 **Stelle die Bevölkerungsentwicklung und die Wachstumsraten mithilfe des Computers in einem Diagramm dar (M5).**

Die Bevölkerung Chinas

Im Gegensatz zu Indien setzt die chinesische Regierung auf strenge Maßnahmen, die das Bevölkerungswachstum stoppen sollen. Oft legen Behörden fest, welche Paare ein Kind bekommen dürfen. Deren Namen hängen dann öffentlich aus. Familien mit einem Kind werden bei der Wohnungszuteilung und finanziell begünstigt. Sie erhalten kostenlos Saatgut, mehr Ackerland und einen Kindergartenplatz. Beim zweiten Kind entfallen alle Vergünstigungen. Die Eltern müssen empfindliche Strafen, oft mehrere Monatsgehälter, zahlen. Es werden Zwangsabtreibungen durchgeführt, sogar noch nach dem sechsten Schwangerschaftsmonat. Sterilisierte Männer erhalten Prämien. In einigen Orten hängen Briefkästen für anonyme Hinweise über illegale Schwangerschaften aus.

Allerdings überdenkt die chinesische Regierung jetzt die Ein-Kind-Politik, denn die Überalterung in der chinesischen Gesellschaft schreitet zu schnell fort. Wie sollen die alten Menschen versorgt werden, wenn junge fehlen? Die Ein-Kind-Politik führt auch zu einem Ungleichgewicht der Geschlechter, denn es werden deutlich mehr Jungen als Mädchen geboren.

M1 Staatlich verordnet: Die Ein-Kind-Familie

Die Kartensymbole sind Themengebieten zugeteilt: Herz-Karten beschäftigen sich mit Gesundheit und Hygiene beim Sex; Kreuz zeigt die Gefahren von sexuell übertragbaren Krankheiten wie Aids auf; Pik nennt die Gesetze zur Familienplanung; Karo stellt Verhütungsmethoden dar.

M2 Kartenspiel, das auf die Familienplanung hinweist

Folgen der Entwicklung

Bis sich ab Mitte dieses Jahrhunderts die Einwohnerzahl Chinas spürbar reduziert, hat das Land mit den Folgen des zu hohen Bevölkerungswachstums vergangener Jahrzehnte zu kämpfen. Versorgungsengpässe bei Nahrungsmitteln, Ausbildungs- und Arbeitsplätzen sowie Probleme in der Gewährleistung der medizinischen Grundversorgung sind alltäglich. Hinzu kommen ökologische und Entsorgungsprobleme.

Dem Milliardenvolk stehen nur sieben Prozent der Weltackerflächen zur Verfügung. Da die Bevölkerung aber auch in den nächsten Jahrzehnten steigt, geht wertvolle landwirtschaftliche Nutzfläche für Siedlungen, Straßen und Fabriken verloren.

Aber Einzelkinder stehen im Widerspruch zu den traditionellen Wertvorstellungen der chinesischen Gemeinschaft und jetzt werden auch Nachteile der Ein-Kind-Politik deutlich (siehe M1).

M3 Eine – staatlich gewünschte – Ein-Kind-Familie

AUFGABE

1 Erläutere Maßnahmen zur Begrenzung des Bevölkerungswachstums.

Ein Fünftel der Weltbevölkerung auf engstem Raum

China ist das viertgrößte Land der Erde. Hier lebt mehr als ein Fünftel der Weltbevölkerung. Die durchschnittliche Bevölkerungsdichte im „Reich der Mitte“ beträgt 140 Ew./km² und ist, verglichen mit Deutschland, gering. Das große Problem ist die sehr ungleichmäßige Bevölkerungsverteilung. Die rund 100 Millionenstädte wuchsen explosionsartig (M5). Über 80 Prozent aller Chinesen konzentrieren sich auf nur 15 Prozent der Gesamtfläche des Landes.

Ein wichtiger Grund für die ungleiche Bevölkerungsverteilung sind Unterschiede in der naturräumlichen Ausstattung: In Ostchina begünstigen das Klima und die fruchtbaren Böden eine intensive landwirtschaftliche Nutzung.

Im Südosten ermöglichen hohe Temperaturen und Niederschläge sogar bis zu vier Ernten im Jahr. Hier gibt es ländliche Gebiete mit 2000 Einwohnern pro km². Zum Teil ist die Siedlungsfläche der Dörfer größer als die Fläche der dazugehörenden Reisfelder. Der Nordosten ist kühler. Hier sind jedoch weite Landstriche mit fruchtbarem Löss bedeckt. Im Westen dagegen liegen hohe Gebirge und Wüsten, die die Besiedlung und die landwirtschaftliche Nutzung stark einschränken.

Weitere Gründe der anhaltenden Übervölkerung des Ostens sind die bessere Infrastruktur sowie die gestiegene Attraktivität des Lebens vor allem in den küstennahen Städten. Da sich die auf den Export orientierte Industrie vorwiegend entlang der Küste angesiedelt hat, gibt es dort auch vielfältige Ausbildungs- und Verdienstmöglichkeiten.

AUFGABEN

2 **Diskutiere das Für und Wider der rigorosen Bevölkerungspolitik in China.**

3 **Beschreibe und begründe die heutige Bevölkerungsverteilung Chinas (M4, M5).**

	Fläche (1000 km²)	Ew. (Mio.)	Ew./km²
China	9572	1339,7	140
Provinz Henan	167	94,0	563
Shanghai*	6	23,0	3833
Xingjiang**	1600	21,6	14
zum Vergleich:			
Deutschland	357	81,8	229
Berlin	0,9	3,4	3778

M6 Fläche, Bevölkerung und Bevölkerungsdichte im Vergleich (2010)

* Agglomeration, ** Auton. Region

M4 Naturräume

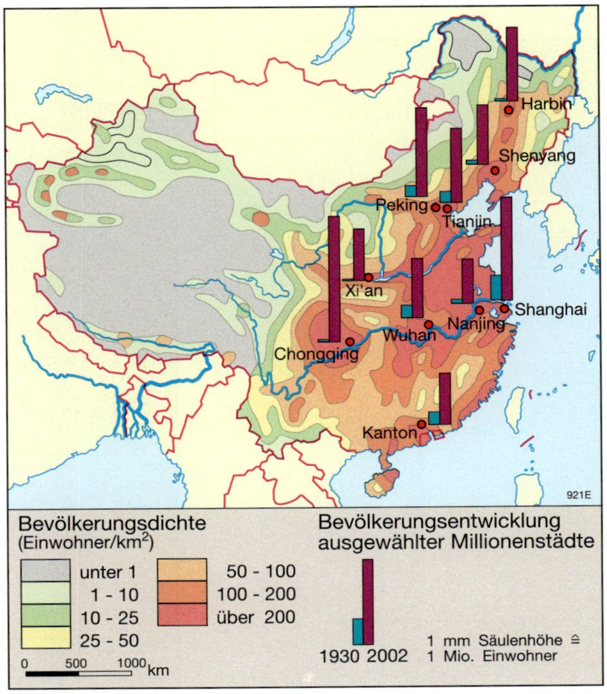

M5 Bevölkerungsdichte und Städtewachstum

Materialien auswerten

INFO

Statistik

Eine Statistik ist eine in Zahlen ausgedrückte Information.

Tabelle

Eine Tabelle ist eine geordnete Zusammenstellung von statistischen Daten.

Diagramm

Ein Diagramm veranschaulicht in einer grafischen Darstellung statistische Zahlen.

Die Welt der Zahlen

In nahezu jedem Bereich unserer Gesellschaft werden Daten in Form von Zahlen erhoben. Diese riesigen Datenmengen werden nach bestimmten vorher festgelegten Merkmalen ausgewertet und in eine ansprechende Darstellungsform umgewandelt. Oft ordnet man sie in tabellarischer Form. Aus Gründen der besseren Anschaulichkeit werden statistische Daten aber auch als Diagramme dargestellt. Es gibt Diagrammarten, die auf den ersten Blick sofort Aussagen für eine Entwicklung zulassen.

Im Fach Erdkunde wird häufig mit Tabellen oder Diagrammen gearbeitet.

Tabellen wirken manchmal jedoch unübersichtlich, dafür sind die Zahlenwerte jedoch exakt ablesbar. Dagegen haben Diagramme gegenüber Tabellen den Vorteil, dass sie meistens anschaulich, übersichtlich und ansprechend dargestellt sind und den Betrachter Inhalte sowie Entwicklungen und Trends auf einen Blick besser und schneller verstehen lassen.

Je nach Aussage werden verschiedene Diagrammtypen verwendet. Liniendiagramme eignen sich, um eine ununterbrochene zeitliche Entwicklung über mehrere Jahre darzustellen.

Mit einem Kreisdiagramm werden Anteile einer Größe veranschaulicht.

Säulen oder Balkendiagramme sind sinnvoll, wenn man Einzeldaten, so zum Beispiel die Einwohnerzahl von mehreren Staaten, miteinander vergleichen will.

Ein Tipp!
Bei der Auswertung von Statistiken und Grafiken sollte man die gefundenen Werte immer kritisch betrachten, denn sie könnten fehlerhaft sein.

Jahr	1950	1960	1970	1980	1990	2000	2010
Einwohner	4,9	6,9	7,0	6,0	7,8	12,5	13,8

M1 Tabelle: Einwohner der Stadt Shanghai (in Mio.)

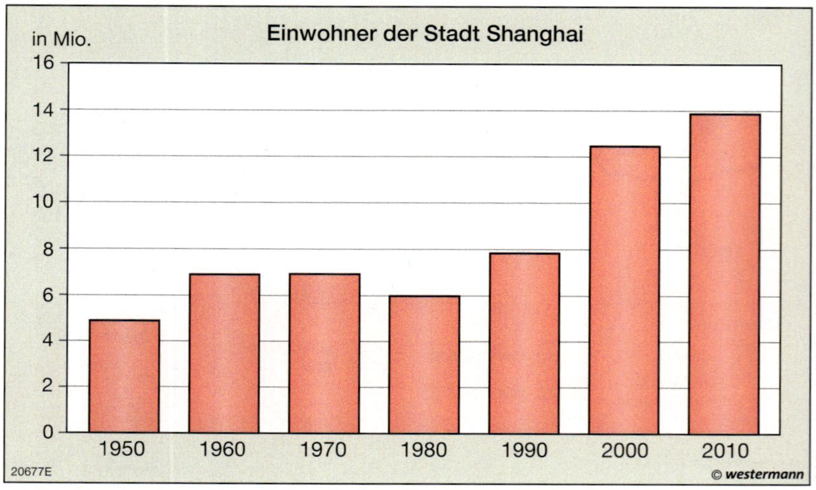

M2 Säulendiagramm

Die zehn bevölkerungsreichsten Länder 1950, 2012, 2050					
Bevölkerung	**1950**	**Bevölkerung**	**2012**	**Bevölkerung**	**2050**
China	555	China	1350	Indien	1531
Indien	358	Indien	1259	China	1395
USA	158	USA	313	USA	409
Russland	103	Indonesien	241	Pakistan	349
Japan	84	Brasilien	194	Nigeria	356
Indonesien	80	Pakistan	180	Indonesien	294
Deutschland	68	Nigeria	170	Bangladesch	255
Brasilien	54	Bangladesch	152	Brasilien	233
Großbritannien	51	Russland	143	Äthiopien	170
Frankreich	50	Japan	127	Philippinen	148

M3 Bevölkerung in Millionen

So wertest du Statistiken aus:

1. Orientierung
Erfasse das Thema der Statistik, das du in der Überschrift oder unter der Statistik finden kannst. Mache dich vertraut mit den Werten und der Darstellungsform. Achte auch auf die Einheiten, in der die Angaben gemacht werden (z.B. Einwohner in Millionen).

2. Beschreibung
Beginne deine Beschreibung mit einem Einleitungssatz, der eine Kernaussage beinhaltet, um was es in der Statistik geht. Beschreibe anschließend die in der Statistik enthaltenen Inhalte. Hierbei musst du nicht alle Zahlen, sondern nur markante Werte (z.B. Extremwerte) als Beispielwerte angeben, damit du die Entwicklungen belegen kannst. Wähle zudem nur die Inhalte aus, die für deine Fragestellung relevant sind. Beschreibe jedoch auch Zusammenhänge, die du erkennen kannst.

3. Erklärung
Versuche in einem dritten Schritt die zuvor beschriebenen Sachverhalte zu erklären sowie Ursachen und gegebenenfalls Folgen zu verdeutlichen.

Rang	Metropolregion	Einwohner (in Mio.)
1.	Shanghai	17,8
2.	Peking	12,2
3.	Hongkong	9,1
4.	Chongqing	7,7
5.	Shenyang	6,6
6.	Tianjin	6,4
7.	Guangzhou	5,7
8.	Xi'an	5,1
9.	Hangzhou	4,9
10.	Harbin	4,9

M4 Metropolregionen in China 2010

	städtische Bevölkerung		ländliche Bevölkerung	
	Mio.	Anteil an Gesamtbev.	Mio.	Anteil an Gesamtbev.
1985	250	24 %	807	76 %
1990	302	26 %	841	74 %
1995	352	29 %	860	71 %
2000	460	36 %	808	64 %
2005	562	43 %	745	57 %
2010	603	45 %	740	55 %

M5 Bevölkerungsverteilung in China

AUFGABEN

1 Stelle Vor- und Nachteile von Diagrammen und Tabellen gegenüber (M1, M2).

2 Diskutiere die verschiedenen Darstellungsmöglichkeiten der Informationen aus M1 in Diagrammen.

3 Werte die Statistiken in M3 – M5 aus.

Bevölkerungspyramiden auswerten

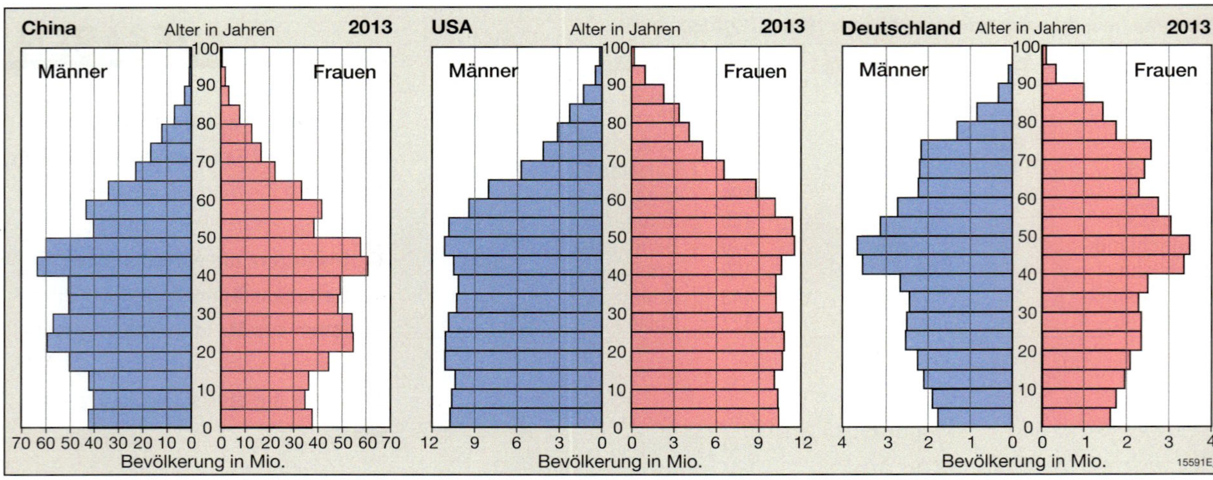

M1 Bevölkerungspyramiden der USA, von China und Deutschland

INFO

Bevölkerungspyramiden

Eine Bevölkerungspyramide oder Alterspyramide ist eine grafische Darstellung der Bevölkerung eines Raumes (Staat, Region, Stadt) nach Alter und Geschlecht. Sie besteht aus mehreren Streifen, die aufeinander gestapelt werden. Jeder Streifen stellt eine Altersgruppe von z. B. fünf oder zehn Jahren dar.
Auf der x-Achse kann man ablesen, wie viele Menschen einer Altersgruppe in diesem Land leben. Sind auf der x-Achse Prozentanteile dargestellt, dann gibt die Länge des Streifens den Anteil dieser Altersgruppe an der Gesamtbevölkerung wieder.
In Ländern, in denen mehr jüngere als ältere Menschen leben, entsteht die Form einer Pyramide (siehe M2).

So gehst du bei der Auswertung einer Bevölkerungspyramide vor

1. Nimm dir Zeit und betrachte die Darstellung gründlich (M1). (Achtung, auf der x-Achse können absolute Zahlen oder Prozentanteile dargestellt sein.)
2. Bestimme den Prozentanteil einiger ausgewählter Altersgruppen durch Addition (zum Beispiel weibliche Bevölkerung über 70 Jahre). Mithilfe der Gesamtbevölkerung kannst du dann auch die Prozentanteile der einzelnen Altersgruppen errechnen (in M1 sind immer fünf Jahrgänge in einem Streifen zusammengefasst).
3. Beschreibe die Form des Bevölkerungsdiagramms (Glocke, Pyramide oder Urne, siehe M2).
4. Interpretiere anschließend die Form. Welche Rückschlüsse kann man ziehen? Dabei sollen dir folgende Fragen helfen:
   - Hat die Pyramide eine breite Basis – das heißt es gibt viele Geburten – wächst die Bevölkerung stark?
   - Verjüngt sich die Pyramide nach oben extrem? Das heißt, sterben viele Menschen sehr früh?
   - Werden viele Leute alt?
   - Weist die Pyramide starke Unregelmäßigkeiten auf? Was könnten die Ursachen dafür sein? Warum hat sich die Geburten- oder die Sterberate so stark verändert? Gab es zu dieser Zeit Kriege oder Naturkatastrophen?
   - In welchem Entwicklungsstadium befindet sich das Land? (Entwicklungsland, Schwellenland, Industrieland?) (Entwicklungsländer haben in der Regel eine breite Basis und eine dünne Spitze, bei den Industrieländern ist die Basis weit schmaler, dafür sind Gruppen hohen Alters relativ stark vertreten.)

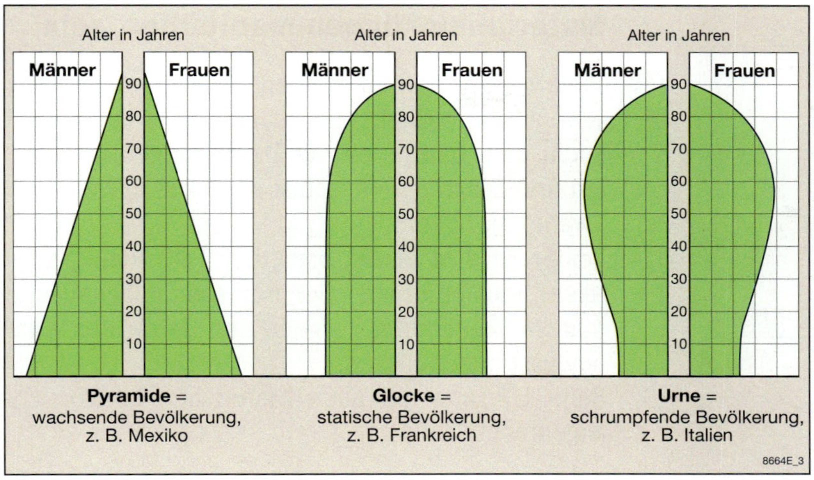

M2 Typen einer Bevölkerungspyramide

5. Überlege, welche Folgen und Probleme sich aus dieser Alters- bzw. Bevölkerungsstruktur für das Land ergeben.
   - Werden in Zukunft viele Kindergartenplätze benötigt?
   - Wie können die vielen älteren Menschen versorgt werden?
   - Welche Maßnahmen müssen ergriffen werden, um einer ungünstigen Bevölkerungsentwicklung entgegenzuwirken?

AUFGABEN

1 **a) Wertet in Gruppen die Bevölkerungspyramiden von China, den USA und Deutschland nach den vorgegebenen Arbeitsschritten aus (M1).**
b) Vergleicht eure Ergebnisse.

2 **Vergleiche die Bevölkerungspyramiden von China 2013 und 2050 (M1, M4).**

3 **Informiere dich beim Statistischen Landesamt des Saarlandes (Internet) über die aktuellen Bevölkerungszahlen im Saarland und erstelle eine Bevölkerungspyramide für das Saarland.**

M3 Chinesische Senioren beim Tai-Chi in Shanghai

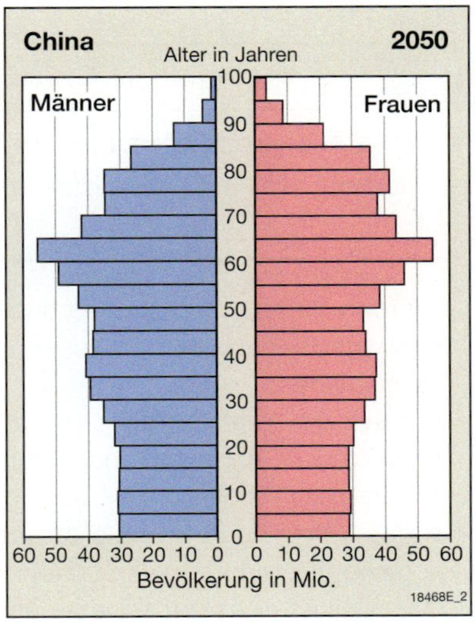

M4 Bevölkerungspyramide von China im Jahr 2050 (Prognose)

Materialien kritisch hinterfragen

M1 – M3 Dieselben Daten, drei Darstellungen: Umsatzentwicklung der Firma Mustermann

Werden Daten in Grafiken umgesetzt, ergeben sich verschiedene Möglichkeiten, die Aussage zu manipulieren:
- durch die Wahl der Abmessung (Höhe, Breite);
- durch die Eingrenzung der Werteskala;
- durch das Weglassen missliebiger Zeiträume;
- durch Hinzufügen von Schätzungen, die einen gewünschten Trend verstärken.

Das alles ist nicht korrekt, aber üblich.

M4 Achtung: Geschönte Diagramme!

Materialien können manipuliert sein

Viele Materialien erscheinen auf den ersten Blick sehr genau, aktuell und zuverlässig. Man verfällt leicht dem Irrtum, all die Darstellungen in Tabellen und Diagrammen, selbst die Fotos, für objektiv „wahr" zu halten.
Leider ist dies häufig nicht der Fall. Viele Statistiken sind fehlerhaft oder nur sehr ungenau und manche Abbildungen wollen den Betrachter sogar bewusst manipulieren.
Beim Umgang mit allen Materialien ist Vorsicht angebracht!

M5 Je nach Wunsch: größer …

◁ M6 Achtung: Durchschnittswerte sind nicht unbedingt aussagekräftig!

„Noch schlimmer ist das Messproblem bei Teilmengen der Bevölkerung wie bei Ausländern und Arbeitslosen. Durch minimale Änderungen der Definition (Wer gilt als Ausländer? Wer zählt zu den Arbeitslosen?) verschieben wir deren Zahl um mehrere Hunderttausend in jede Richtung, die uns passt."

(Walter Krämer: So lügt man mit Statistik. München 2000, S. 21)

„Kritisch werden auch die Waldstatistiken der UN-Ernährungs- und Landwirtschaftsorganisation (FAO) gesehen, wonach sich die Abholzung der Regenwälder verlangsamt hat. Die FAO hat einfach großzügiger definiert, was noch als Wald angesehen wird: Sie hat neu festgelegt, zu wie viel Prozent eine Fläche im Luftbild von Baumkronen bedeckt sein muss. Die brasilianische Regierung musste hingegen Anfang 2008 einräumen, dass der Urwald im Amazonastiefland immer schneller verschwindet, und dasselbe wird aus Südostasien berichtet – ganz im Gegensatz zu den statistischen Befunden der FAO."

(Karl-Albrecht Immel: Der schöne Schein der Zahlen. In: Weltsichten, 2–3 2008, S. 57)

M7 Achtung: Veränderte Berechnungsmethoden!

„Die Wohnbevölkerung der Bundesrepublik Deutschland ist selbst unmittelbar nach Volkszählungen nur ungenau bekannt; und zwischen zwei Volkszählungen erst recht. Von acht Ziffern der Bevölkerungszahl ist bestenfalls auf die Richtigkeit der ersten zwei Verlass – und oft nicht einmal das." (Walter Krämer, a. a. O., S. 21)

(Die letzte Volkszählung in der Bundesrepublik Deutschland war 2010.)

„Wenn wir im Radio hören, dass ein Reisbauer in Bangladesch exakt 49 Euro und 7 Cent verdient, so suggeriert diese Zahl ganz ohne böse Absicht eine Recherche auf Heller und Pfennig, die nie stattgefunden hat. Vermutlich hat man nur das grob auf zwei Milliarden Taka (Landeswährung von Bangladesch) geschätzte Volkseinkommen auf die rund 91 Millionen Einwohner umgelegt und dann mit dem aktuellen Euro-Taka-Wechselkurs umgerechnet. Von diesen Zutaten ist nur der Wechselkurs exakt; das Sozialprodukt und die Bevölkerungszahl sind wilde Schätzungen. Es kommt aber wieder eine (vermeintlich) exakte Zahl heraus."

(Walter Krämer, a. a. O., S. 24)

M9 Achtung: Geschätzte Daten!

... oder kleiner – Skyline Shanghais

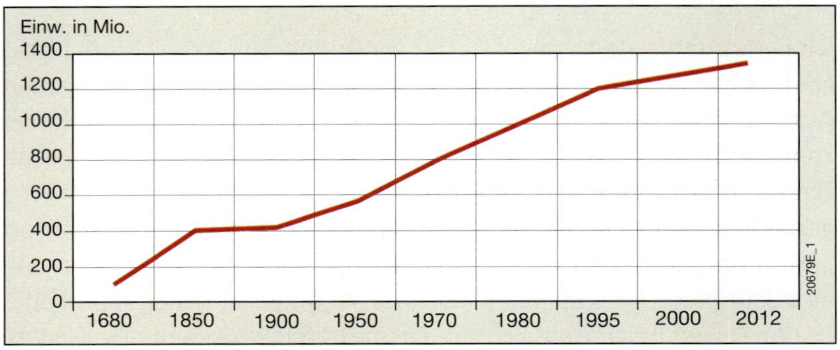

M8 Aus einer Statistik: Bevölkerungsentwicklung in China

AUFGABEN

1 **„Traue keiner Statistik, die du nicht selbst gefälscht hast!" Erläutere diese Redensart.**

2 **Erkläre die Karikatur M6. Nenne für den dargestellten Sachverhalt ein weiteres aussagekräftiges Beispiel.**

3 **a) Erläutere, wie M3 „geschönt" wurde.**
b) Wähle eine Tabelle aus diesem Buch aus und stelle sie auf zwei verschiedene Arten dar, sodass die Aussage auf den ersten Blick unterschiedlich ist.

4 **Nimm kritisch Stellung zu der Art der Darstellung in M8.**

Wirtschaft und Migration in China

M1 Bevorzugte Gebiete der industriellen Entwicklung

Der Drache im Steilflug

Bis in die 1980er-Jahre hinein spielte China trotz seiner Größe in der Weltwirtschaft nur eine sehr geringe Rolle. Inzwischen weist das Reich der Mitte ein hohes Wirtschaftswachstum auf und wurde zur „Werkbank für die ganze Welt" sowie zur „Wachstumslokomotive der Weltwirtschaft". Verantwortlich dafür ist neben dem Erstarken des Binnenmarktes ein sehr gut funktionierender Außenhandel. China und Deutschland sind seit 2009 bis heute wechselseitig Exportweltmeister.
Der Startschuss für diese Entwicklung fiel im Jahr 1979, als in China Wirtschaftsreformen einsetzten und das Land **Sonderwirtschaftszonen** einrichtete. Die Zusammenarbeit und der Handel mit dem Ausland wurden intensiviert. Neben den staatlichen Unternehmen wurde Privateigentum zugelassen. Die Wirtschaft wuchs immer schneller und damit auch der Wohlstand.

M2 Kaufkraft – Konsumausgaben privater Haushalte (2010, in Yuan)

Reiche Küste – armes Hinterland

Millionen Chinesen zogen in der Hoffnung auf Arbeit und Lohn, aber auch auf der Suche nach besserer Bildung und städtischen Annehmlichkeiten vom Land in die boomenden Küstenstädte; es kam zu einer sehr starken **Migration** innerhalb Chinas. Denn während sich das Leben im ländlich geprägten Hinterland bislang wenig verändert, unterscheidet sich heute das Angebot an Waren, Komfort und Dienstleistungen aller Art in den Küstenstädten Chinas qualitativ kaum von vergleichbaren Städten in anderen Teilen der Welt.
In der Folge verstärkten sich die **Disparitäten** zwischen der Küstenregion und dem Hinterland immer mehr.

AUFGABEN

1 **Erläutere die wirtschaftliche Entwicklung Chinas.**

2 **Beschreibe Ursachen und Ausmaß von Migration und Wanderarbeit in China.**

3 **Erarbeite Folgen von Migration und Wanderarbeit für den ländlichen Raum und für die Städte.**

Das Los der Wanderarbeiter

Das Erfolgsrezept für den grandiosen wirtschaftlichen Aufschwung Chinas gründet zu einem großen Teil auf den billigen und flexiblen Wanderarbeitern. Sie sind bereit, für geringe Löhne lange und hart zu arbeiten. So arbeitet ein Wanderarbeiter in der Regel zwölf bis 14 Stunden pro Tag, sieben Tage in der Woche mit einem freien Tag pro Monat. Dennoch verdient er meist nicht mehr als umgerechnet 60 bis 70 Euro pro Monat. Zu den schlechten Arbeitsbedingungen kommt hinzu, dass viele Arbeiter auf engstem Raum in primitiven Unterkünften – meist am Stadtrand gelegen – leben.
Dennoch verlassen auch heute noch viele Landbewohner ihre Dörfer und ziehen als Wanderarbeiter in die Küstenstädte. Gab es 1980 nur zwei Millionen Wanderarbeiter in China, so beträgt ihre Zahl heute mehr als 200 Millionen Personen. In wenigen Jahren, so schätzt man, wird es in China mehr als 300 Millionen Wanderarbeiter geben.

M3 Wanderarbeiter auf einer Baustelle in Shenzhen

„Ich stamme aus einem Dorf in Henan, einer der ärmsten Provinzen Chinas. Nach Shenzhen bin ich zum Arbeiten gekommen. Es gibt Arbeit auf verschiedenen Baustellen in der Stadt. Ich arbeite sieben Tage pro Woche, Urlaub mache ich nicht.
Die Arbeit ist hart, alles muss schnell gehen. Aber ich verdiene gutes Geld. Hier kannst du an einem Tag so viel verdienen wie in unserem Dorf in zwei Wochen. Wir wohnen in Containern – eng, aber billig. Ich spare für ein neues Haus in meiner Heimat.

M5 Ein Wanderarbeiter berichtet.

M4 Migrationsbewegungen in China

Die Wirtschaft – was ist das?

AUFGABEN

1 **Beschreibe und erkläre die Entwicklung der einzelnen Wirtschaftsbereiche.**

2 **In welchen Berufszweigen werden zur Zeit in deinem Heimatraum Arbeitskräfte gesucht? Informiere dich mithilfe der Tageszeitung. Ordne die Berufe den Wirtschaftsbereichen zu.**

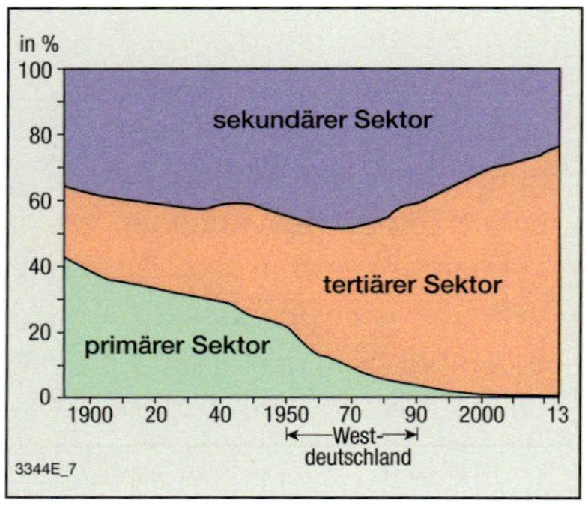

M1 Beschäftigtenstruktur in Deutschland

Die Sektoren der Wirtschaft

Ein Wirtschaftsraum ist unter anderem durch die Zahl der Beschäftigten in den einzelnen Wirtschaftsbereichen gekennzeichnet. Im Allgemeinen werden drei **Wirtschaftssektoren** unterschieden:

1. Der **primäre Sektor** befasst sich mit der Erstproduktion von Rohstoffen. Zu ihm zählen Landwirtschaft, Forstwirtschaft, Fischerei und Bergbau ohne Aufbereitung.
2. Der **sekundäre Sektor** ist der Bereich der Wirtschaft, in dem die Rohstoffe be- und verarbeitet werden. Zu ihm zählen Industrie, produzierendes Handwerk, Baugewerbe sowie Energie- und Wasserwirtschaft.
3. In den letzten Jahrzehnten wurde der **tertiäre Sektor** immer wichtiger. Er umfasst Handel, Banken und Versicherungswesen, Verkehr und Fremdenverkehr, Gesundheits- und Bildungswesen, soziale Dienste, Wissenschaft und Forschung, öffentliche Verwaltung, Rechtswesen, Logistik, Nachrichtenübermittlung, Datenverarbeitung, Wohnungsvermietungen, usw.
   Man bezeichnet ihn auch als Dienstleistungssektor.

Neuerdings wird aus dem tertiären Sektor manchmal noch ein quartärer Sektor ausgegliedert, der die hoch qualifizierten Dienstleistungen umfasst. Allerdings wird dieser in Statistiken nicht dargestellt. Im quartären Sektor bieten beispielsweise die Bereiche Telekommunikation, Forschung und Biotechnologie neue Arbeitsplätze.
Insgesamt betrachtet stimmt danach die Bezeichnung „Industrieland“ für Deutschland nicht mehr. Eigentlich müsste es „Dienstleistungsland“ heißen. Denn sowohl von der Zahl der Beschäftigten her als auch von seinem Beitrag zum **Bruttoinlandsprodukt (BIP)** ist der Dienstleistungsbereich, der tertiäre Sektor, der bedeutendste Wirtschaftsbereich.

INFO
Begriffe aus der Wirtschaft

Bruttoinlandsprodukt (BIP)
Das ist der Wert aller Güter und Dienstleistungen, die in einem Jahr innerhalb der Landesgrenzen einer Volkswirtschaft erwirtschaftet werden.

Pro-Kopf-Einkommen
Darunter versteht man das verfügbare Einkommen je Einwohner eines Landes in einem Jahr. Es errechnet sich aus dem BIP geteilt durch die Einwohnerzahl.

M2 Primärer, sekundärer und tertiärer Sektor der Wirtschaft

Wirtschaftssektoren im Wandel

Die Ursachen für den Strukturwandel sind sehr vielschichtig. Durch die enorme Zunahme der Produktivität im primären und sekundären Sektor wurden viele Arbeitskräfte freigesetzt, die in den Dienstleistungssektor abwanderten. Außerdem sorgte die Intensivierung für den Anstieg der Realeinkommen und sinkende Arbeitszeiten. Dies wiederum führte zu einer vermehrten Nachfrage nach Industrie- und Konsumgütern.
Der Dienstleistungssektor unterliegt zumeist geringer Rationalisierung und erreicht kaum Produktivitätssteigerungen. Denn der Schulunterricht oder die Pflegedienste an alten Menschen oder der Frisörbesuch lassen sich nicht in dem Maße automatisieren wie die Montage von Autos.

M4 Dienstleistungszentrum Las Vegas: Hier arbeiten alleine 20 000 Köche im Dienstleistungssektor.

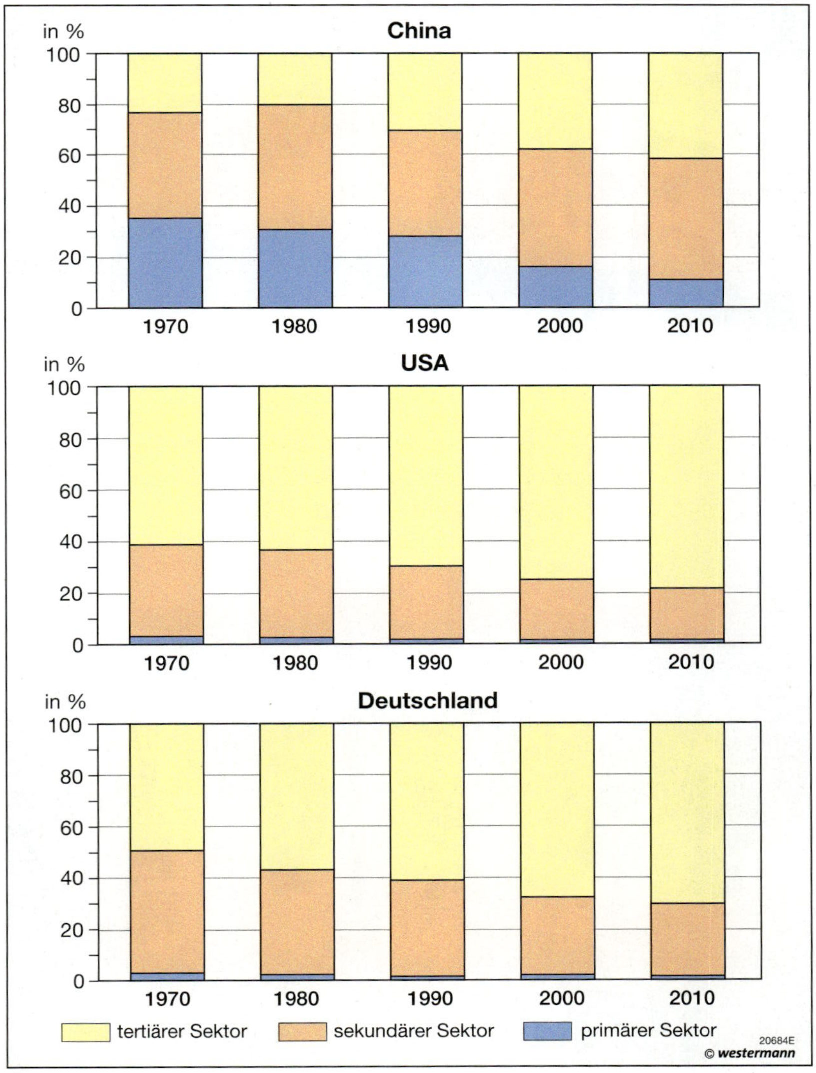

M3 Entwicklung des Anteils der Wirtschaftssektoren am BIP

AUFGABE

3 **Vergleiche die Entwicklung des Anteils der Wirtschaftssektoren in China, Deutschland und den USA (M3).**

Wirtschaftsdaten im Vergleich

Produkt	Förderung	Rang
Fischfang	63 Mio. t	1.
Getreide	497 Mio. t	1.
Milch	41 Mio. t	3.
Gold	340 t	1.
Kupfer	5 Mio. t	3.
Energieverbrauch	2613 Mio. t	1.
Erdöl	203 Mio. t	5.
Erdgas	102 Mrd. m³	6.
Kohle	3520 Mio. t	1.

M1 Chinas Stellung in der Weltwirtschaft 2012

AUFGABE

1 Die Worldmapper-Karte M6 gibt die Größe jedes Staates nach dem dem BIP wieder. Die Form des Landes wurde möglichst genau beibehalten.

a) Vergleiche M6 mit einer Weltkarte im Atlas. Finde in M6 die fünf Länder mit dem höchsten BIP (M2).

b) Nenne fünf Länder, deren BIP besonders gering ist (Vergleich von M6 und der Atlas-Karte).

Rang/Land	BIP (Mio. US- $)	Veränderung zum Vorjahr
1 USA	15 684 750	+ 2,21 %
2 China	8 227 037	+ 7,80 %
3 Japan	5 963 969	+ 2,00 %
4 Deutschland	3 400 579	+ 0,87 %
5 Frankreich	2 608 699	+ 0,03 %
6 Großbritannien	2 440 505	+ 0,17 %
7 Brasilien	2 395 968	+ 0,87 %
8 Russland	2 021 960	+ 3,40 %
9 Italien	2 014 079	− 2,37 %
10 Indien	1 824 832	+ 3,99 %

M2 Staaten mit dem höchsten Bruttoinlandsprodukt 2012

China – ein neues Machzentrum in der Welt

Chinas Wirtschaft hat sich in den vergangenen Jahren enorm entwickelt. Die Wachstumsraten des Bruttoinlandprodukts (BIP) erreichten in den letzten 30 Jahren nicht selten über zehn Prozent jährlich und zählten damit zu den höchsten Wachstumsraten weltweit.
Das Wirtschaftswachstum in den USA und in Deutschland hingegen betrug im gleichen Zeitraum selten mehr als zwei oder drei Prozent pro Jahr. Damit hat China eine wichtige Position in der Weltwirtschaft eingenommen (M1) und ist heute ein ernstzunehmender Konkurrent für Wirtschaftsgiganten wie zum Beispiel Deutschland und die USA.

M3 Näherinnen in China

M4 VW-Werk in Shanghai

M5 Wirtschaftszentrum Shanghai

M6 Die Welt nach dem Bruttoinlandsprodukt

Rang	Land	Export (in Mrd. US-$)	Welt-anteil (in %)
1	China	1899	10,4
2	USA	1481	8,1
3	Deutschland	1474	8,1
4	Japan	823	4,5
5	Niederlande	660	3,6

Rang	Land	Import (in Mrd. US- $)	Welt-anteil (in %)
1	USA	2265	12,3
2	China	1743	9,5
3	Deutschland	1254	6,8
4	Japan	854	4,6
5	Frankreich	715	3,9

M7 Welthandelsländer nach Export und Import 2011

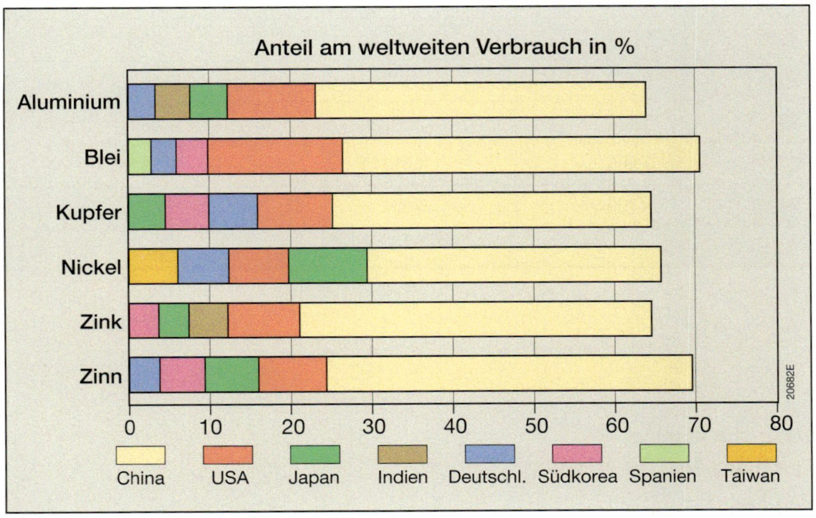

M8 Globaler Rohstoffverbrauch nach Ländern

AUFGABEN

2 Vergleiche die Daten zur Wirtschaftsstruktur und zur Wirtschaftsentwicklung Chinas mit denen der USA und Deutschlands (M2, M7, M8).

3 Recherchiere im Internet nach den Importgütern Chinas und Deutschlands und vergleiche die Export- und Importstruktur der beiden Staaten (M7).

4 Bewerte die Stellung Chinas in der Weltwirtschaft.

China – das bevölkerungsreichste Land

1. Buchstabensalat

A	Y	R	N	P	I	H	I	B	D	R	E	T	B
B	E	H	I	E	L	A	T	G	D	N	E	E	G
A	D	N	E	K	K	M	H	T	U	A	O	S	E
T	I	L	N	I	O	C	H	G	T	E	E	H	A
A	H	U	A	N	G	H	E	I	N	I	D	H	P
H	I	P	S	G	S	K	R	B	H	A	M	E	N
R	I	U	B	A	Y	A	L	A	M	I	H	T	A
I	N	I	W	S	P	E	I	I	L	I	S	S	A
G	R	O	S	S	E	E	B	E	N	E	R	R	I
R	E	T	I	E	B	R	A	R	E	D	N	A	W
I	G	D	R	O	H	E	M	R	T	N	K	W	T
T	Y	N	L	L	N	S	N	O	E	A	N	N	R
W	I	A	R	T	N	A	G	N	E	L	E	D	U
I	T	A	G	N	C	I	N	E	A	O	Y	H	S

Lege eine Folie oder Transparentpapier auf das Rätsel. Suche zehn Begriffe, die etwas mit China zu tun haben. Die Begriffe sind horizontal, vertikal und diagonal versteckt. Vorsicht: Manche sind rückwärts geschrieben.

2. Weltbevölkerung und Stadtbevölkerung auf der Erde

Wandle die Informationen in der Tabelle in geeignete Diagramme um und beschreibe die Entwicklungen der Weltbevölkerung sowie der städtischen Bevölkerung.

Jahr	Weltbevölkerung (in Mio.)	Stadtbevölkerung (in Mio.)	Stadtbevölkerung (in % der Weltbevölkerung)
1955	2785	853	30,9
1965	3338	1159	34,7
1975	4073	1518	37,3
1985	4844	1990	41,1
1995	5692	2565	45,1
2005	6464	3177	49,2
2015*	7220	3868	53,6
2025*	7906	4611	58,3
2030*	8199	4987	60,8

*Prognose

3. Wer tanzt aus der Reihe?

Begründe deine Wahl!

a) Hochgebirge, Flussebene, Tibet, Becken, Hochebene
b) Mekong, Ganges, Jangtsekiang, Amur, Huang He
c) Shanghai, Peking, Tokio, Bangkok, Neu-Dehli
d) Bruttoinlandsprodukt, Pro-Kopf-Einkommen, Geburtenrate, Disparität, Kindersterblichkeit

4. Eine geographisch richtige Antwort?

Nimm zu Hägars Aussage kritisch Stellung.

5. Plakat in China

Dieses Plakat wurde in China in mehreren Städten, aber auch auf dem Land aufgehängt.

a) Beschreibe das Plakat und erläutere, wofür es werben könnte.

b) Entwirf einen kurzen Werbetext in deutscher Sprache zum Bild.

Was habe ich gelernt?

1. Ich kann die Lage und Ausdehnung Chinas mit der Europas und der der USA vergleichen.
2. Ich kann Räume in verschiedene Reliefeinheiten gliedern.
3. Ich kann die Arbeit eines Flusses erklären.
4. Ich kann das Klima Chinas erläutern.
5. Ich kann die Eignung von Räumen in Hinblick auf die landwirtschaftliche Nutzung begründen.
6. Ich kann Staaten nach verschiedenen Aspekten vergleichen.
7. Ich kann die Bevölkerungsverteilung Chinas und die Migration in China begründen.
8. Ich kann Statistiken in Tabellen und Diagrammen systematisch auswerten.
9. Ich kann Informationen aus Tabellen in geeignete Diagramme mithilfe des Computers umwandeln.

Leben in einer globalisierten Welt

M1 Geschäftsstraße in Hongkong (China)

FOOCHOW LACQUER CO.
JEWELLERY & ANTIQUES
SHMERE
MOTOROL
KENWOOD
SHARP
Technic
OLYMPUS
SONY
aiwa
JVC
ICOM
AKAI
FAIR & SQU
VISUAL
OPTICAL
通利琴行
McDona
ELEVEN
Oriental STUDIO Self Laboratory

Globalisisierung – was ist das?

a) UNO-Wüstenkonferenz in Buenos Aires
b) Touristen in Luxor
c) Jeansgeschäft in Hamburg

M1 Beispiele für Globalisierung

AUFGABEN

1 **Nenne Beispiele aus deinem Alltag, die zeigen, dass du mit anderen Teilen der Welt verflochten bist.**

2 **Beschreibe M2 und erläutere an drei Medien, welche weltweiten Veränderungen dadurch bewirkt wurden.**

3 **Erkläre, weshalb in M1 jedes Foto für Globalisierung steht.**

4 **Liste die Faktoren auf, die die Globalisierung bewirkt haben.**

5 **Recherchiere und finde etwa fünf weltweit tätige Organisationen. Schreibe drei ihrer Aufgabenbereiche auf.**

6 **Ist der Klimawandel auch ein Ausdruck der Globalisierung? Diskutiert in der Klasse über diese Frage.**

Kleine große Welt

Du isst Bananen aus Honduras, euer Auto ist „Made in Japan“, die Ferien verbringst du im Zeltlager in Italien und dort hörst du Musik aus den USA mit einem MP3-Player aus China. – Jeder von uns erlebt, wie die Menschen auf der Erde „zusammenrücken“ und Entfernungen eine immer geringere Rolle spielen.

Internationale Beziehungen gibt es schon lange, spätestens seit den großen Entdeckern wie Marco Polo (1254–1324) oder Kolumbus (1451–1506). Von **Globalisierung** spricht man allerdings erst, seit es ab etwa 1990 durch technologische Neuerungen weltweit einen massiven Umbruch in der Wirtschaft und im Leben der Menschen gegeben hat. Während neue Arbeitszweige entstanden, wurden einige alte überflüssig. Informationen, Wissen oder Firmenaufträge können mittlerweile in rasender Geschwindigkeit um die Welt geschickt werden und sind billiger als je zuvor.

Es gab Fortschritte in der Transporttechnik, zum Beispiel größere, schnellere, billigere Schiffe und Flugzeuge. Gleichzeitig sind viele Zölle gefallen, beispielsweise in der Europäischen Union und in vielen Ländern Asiens und Afrikas.

All diese Möglichkeiten nutzen verstärkt große, weltweit tätige Unternehmen, die Global Player. Sie produzieren oder investieren im Ausland, um von den dortigen Standortvorteilen zu profitieren. Zusammengenommen tragen diese Veränderungen dazu bei, dass die weltweiten Beziehungen sehr erleichtert wurden und enorm zugenommen haben. Das zeigt auch der Anstieg des Welthandels als ein Beispiel für die Globalisierung (siehe S. 79 M4).

Von der Globalisierung ist jeder Einzelne betroffen, denn es gibt keinen Fleck mehr, der von globalen Auswirkungen ausgenommen ist. Dafür sorgen zum Beispiel Handys, Laptops und Fernsehgeräte.

d) McDonald's-Filiale in Peking

e) Internet-Café im Sudan

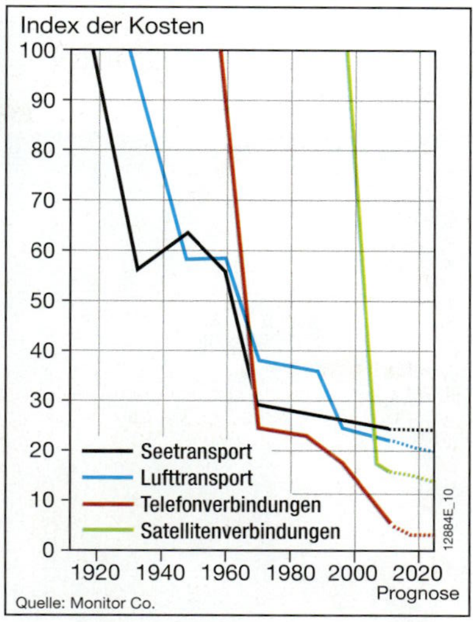

M3 Kosten in Handel und Kommunikation

Auch der weltweite Klimawandel lässt unsere Welt zu einem gemeinsamen „Global Village" werden. So schädigt etwa unser Gebrauch von Tropenhölzern den Regenwald und weiterhin das globale Ökosystem.

INFO

Globalisierung

Der Begriff sagt aus, dass in zunehmendem Maß weltweite Verflechtungen in vielen Bereichen erfolgen. Dazu gehören

- Wirtschaftsbeziehungen (z. B. Handel mit Industriegütern, Rohstoffen, Dienstleistungen),
- Kommunikation (z. B. Internet-, Telefon- und Satellitenverbindungen),
- Internationale Organisationen (z. B. UNICEF, Rotes Kreuz, UNO),
- kulturelle Verflechtungen (z. B. Reisen, Popmusik, Fastfood-Ketten, Goethe-Institute, Facebook, Mode),
- globale Ökosysteme (z. B. Ozonschicht, Regenwälder).

AUFGABE

7 **Überall auf der Welt kann man die gleichen Burger essen oder Spielfilme aus Hollywood sehen. Erörtere die Vor- und Nachteile.**

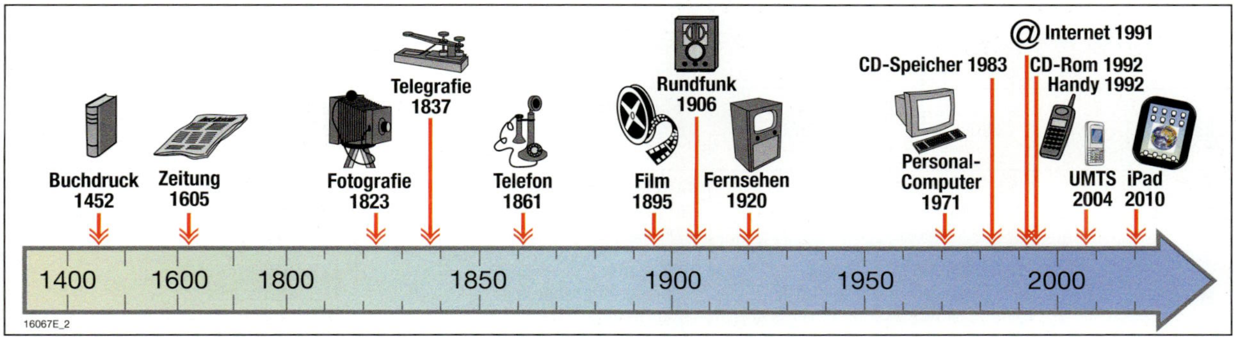

M2 Erfindungen wichtiger Medien

Weltweiter Handel – globale Wirtschaft

M1 Container und Cargo – wichtig für den Welthandel

AUFGABEN

1 **a) Beschreibe, wie sich der Welthandel entwickelt hat (M4).**
b) Begründe diese Entwicklung.

2 **Führe zehn Länder der Triade auf und notiere ihre Anteile am Welthandel (M3).**

3 **Beschreibe und bewerte den Handel**
a) der Triade,
b) der EU-Staaten,
c) der Länder Afrikas.

Entwicklungen im Welthandel

Mit der Globalisierung wurden Handelsbeziehungen erleichtert und Menge und Wert der gehandelten Waren stiegen wie niemals zuvor (M4).

Auch die Art der Welthandelsgüter hat sich stark verändert. Der Handel mit industriellen Produkten (Maschinen, Apparate, Textilien) und Dienstleistungen (Transport, Kommunikation, Tourismus) wuchs mehr als doppelt so stark wie der mit Rohstoffen. Ein Grund ist zum Beispiel die Verlagerung von Produktionen aus Westeuropa nach Asien. Der Handel wuchs besonders zwischen den großen Industriestaaten auf der Nordhalbkugel: zwischen Nordamerika, der EU und Ostasien, der sogenannten **Triade.** Der Anteil der Länder Lateinamerikas, Afrikas und Arabiens ist viel kleiner; sie exportieren außerdem hauptsächlich Rohstoffe und führen Fertigwaren ein.

Freier Handel zwischen den Ländern der Welt wird durch Einfuhrzölle oder Zusammenschlüsse zu **Freihandelszonen** (z.B. EU, NAFTA) behindert. Das benachteiligt vor allem die Entwicklungsländer. Die Handelsbarrieren für Exporte in Industrieländer sind für sie wesentlich höher als bei reichen Ländern, die untereinander Handel treiben.

Land	BIP/Kopf (US-$)	Einwohner (Mio.)	Export	Import
Deutschland	42430	81,9	18 % Kraftfahrzeuge, 16 % Maschinen, 10 % chemische Erzeugnisse	13 % Elektronik, 10 % Kraftfahrzeuge, 9 % Erdöl, 9 % chemische Erzeugnisse
Großbritannien	41370	61,8	12 % Erdöl, 9 % Straßenfahrzeuge, 8 % Arzneimittel	10 % Erdöl, 9 % Straßenfahrzeuge, 5 % bearbeitete Waren
Japan	38080	127,6	19 % Kraftfahrzeuge, 18 % Maschinen, 12 % Elektronik	29 % Brennstoffe (z. B. Erdöl), 12 % Elektronik, 9 % chemische Erzeugnisse
Brasilien	8070	193,7	14 % Eisenerz 10 % Öl 7 % Fleisch	15 % Maschinen 12 % Erdöl 10 % Elektronik
Äthiopien	330	82,8	34 % Kaffee, 16 % tier./pflanzl. Rohstoffe 12 % Ölsaatgut	13 % Erdölprodukte, 11 % Kraftfahrzeuge, 10 % Maschinen

M2 Handelswaren verschiedener Länder (2010)

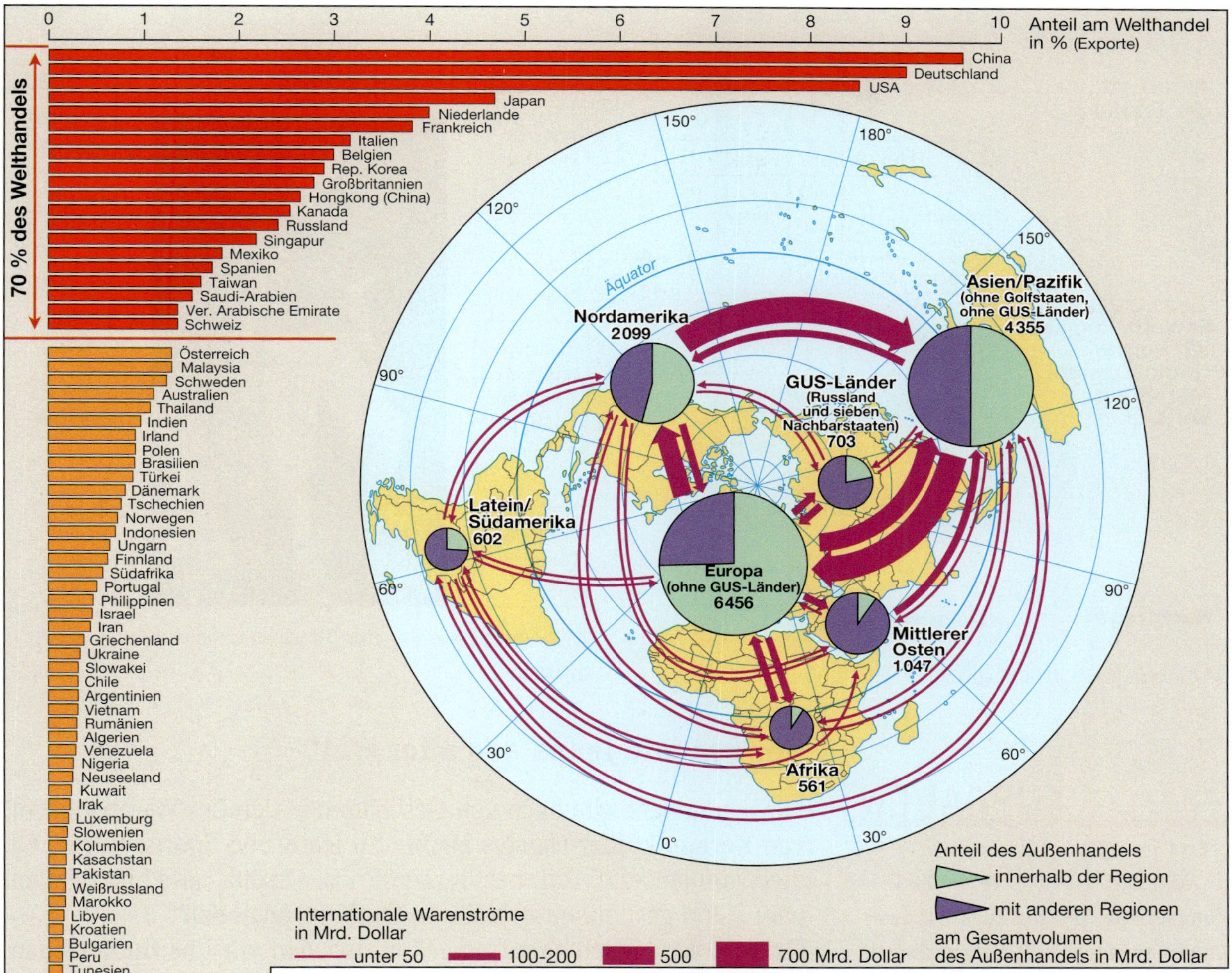

M3 Welthandel 2010. Die Länder der Triade sind die führenden Handelsmächte. Die EU-Staaten stellen ungefähr 40 Prozent aller Exporte. Über 25 Prozent des Welthandels sind Warenströme allein zwischen den EU-Ländern.

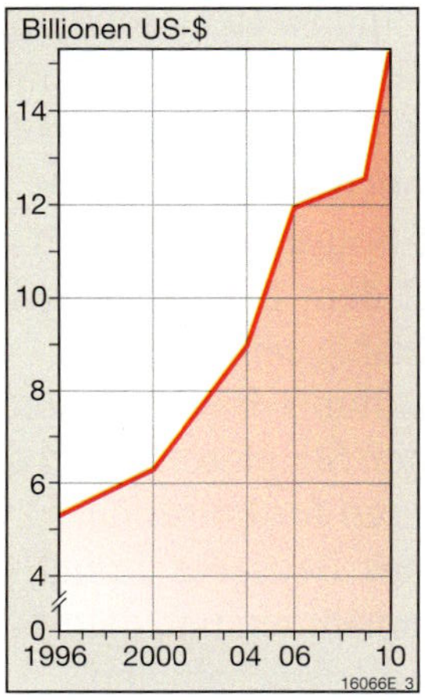

M4 Entwicklung des Welthandels (Exporte)

AUFGABEN

4 Arbeite mit dem Atlas:

a) Nenne je drei Länder mit Erdölförderung, Eisenerzabbau und Goldbergbau.

b) Beschreibe die Handelsströme mit Erdöl.

c) Vergleiche den Handel mit Rohstoffen der Länder Japan, USA, Australien und Peru.

d) Nenne je fünf Länder mit hoher und mit niedriger Bedeutung von Bodenschätzen und ihren Rohprodukten am Gesamtexport.

5 a) Forme die ersten zwei Spalten von M2 in ein Diagramm um.

b) Erkläre den Zusammenhang zwischen BIP/Kopf und Handelswaren.

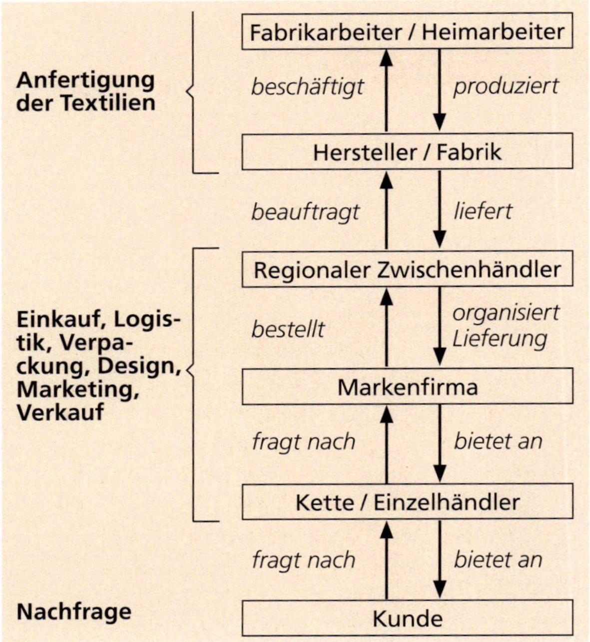

M1 Lieferkette in der globalen Textilindustrie

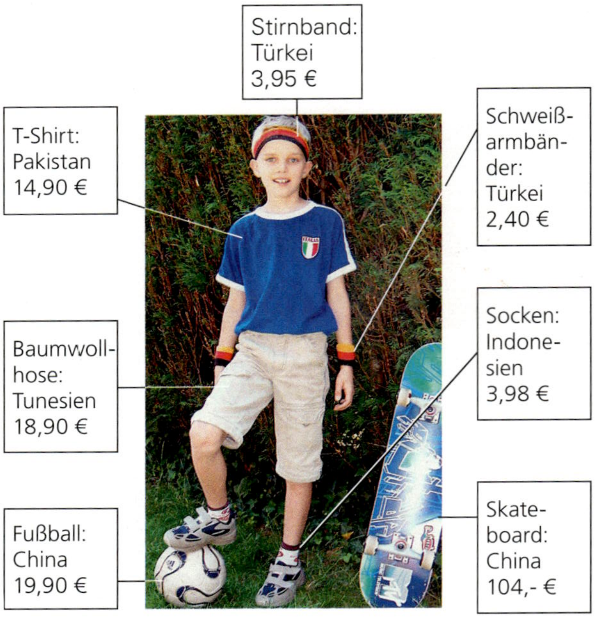

M2 Verkaufspreise und Produktionsländer von Sportartikeln

AUFGABEN

1 **a) Ermittle für drei deiner Kleidungsstücke, welches Land auf dem Etikett angegeben ist. Vergleiche mit M2.**
b) Erörtere die Angaben in M6.
c) Vergleiche die Angaben in M5 miteinander.

2 **Ordne den Produktionsstufen der Jeans in einer Tabelle die entsprechenden Länder zu (M3, M7).**

3 **Erkläre M1. Beachte die Bedeutung der Pfeile.**

WWW

www.cleanclothes.at
www.marktcheck.greenpeace.at
www.bpb.de/nachschlagen/Zahlen-und-Fakten/Globalisierung (Bundeszentrale für politische Bildung)

Handys und Jeans aus aller Welt

Für Jugendliche gibt es in den Geschäften ein großes Warenangebot: von Kosmetik über Handys bis hin zu Jeans und Sportschuhen. Ob die Ware gekauft wird, bestimmen Preis, Qualität und auch Fragen wie: „Sind gesundheitsschädliche Stoffe im Material?“

Obwohl wir täglich damit umgehen, machen wir uns kaum Gedanken, wie und wo ein Produkt hergestellt wird. Bei vielen Waren können wir auf dem Etikett einen Ländernamen lesen. So sind Smartphones oder Zahnbürsten oft „Made in China“ und Jeans „Made in Indonesia“. Das ist nicht korrekt, denn die Jeans stammt gar nicht allein aus Indonesien, sondern sie hat bis zum Verkauf einen langen Weg durch viele Länder hinter sich.

Oft stellt eine Firma ihre Produkte nicht mehr selbst her und hat ganze Produktionsstufen in andere Teile der Welt ausgelagert. Das nennt man **Global Sourcing**. Dadurch kann eine Firma billiger produzieren und auf dem heimischen Markt oder dem Weltmarkt preislich konkurrenzfähig sein.

Wo auf der Welt bestimmte Produktionsschritte erfolgen, hängt von den jeweils günstigsten Standortfaktoren ab, zum Beispiel den Lohnkosten oder den Preisen für Rohstoffe.

Jede Ansiedlung eines Betriebes bringt einem Land Arbeitsplätze und höhere Steuereinnahmen und damit einen höheren Lebensstandard – nicht nur für die Beschäftigten.

Das Beispiel der Herstellung einer Jeans zeigt, dass die Textilindustrie ein Musterbeispiel für die Globalisierung von Produktionen ist.

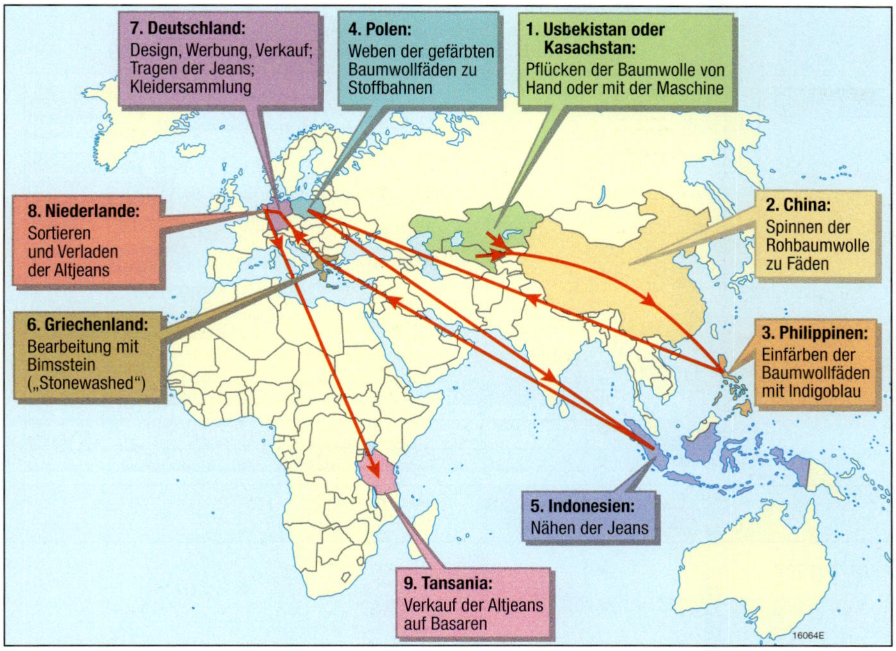

M3 Weltreise einer Markenjeans in neun Etappen (ca. 60 000 km)

Beispiel Jeans

1. Rohstoffphase:
von der Baumwollpflanze zum Stoffballen
Betriebe: Plantagen, Spinnereien, Webereien; Transport

2. Produktionsphase:
Herstellen der Jeans
Betriebe: Designer, Färbereien, Nähereien; Transport, Logistik

3. Gebrauchsphase:
Kaufen, Tragen der Jeans
Betriebe: Großhandel, Textilgeschäfte; Transport

4. Entsorgung, Verwertung:
Kleidersammlung bis Verkauf in Afrika
Betriebe: Abfallverwertung, Märkte in Afrika; Transport

M7 Produktionsstufen

- Schlechte Arbeitsplatzausstattung (Lärm, Hitze, Kälte, schlechte Luft, Dunkelheit)
- Unzureichende Sicherheit am Arbeitsplatz
- Wenige staatliche Umweltauflagen
- Lange Arbeitszeiten, oft unbezahlte Überstunden
- Extrem niedrige Löhne
- Häufig Kinderarbeit

M4 Mögliche Gründe für niedrige Arbeitskosten

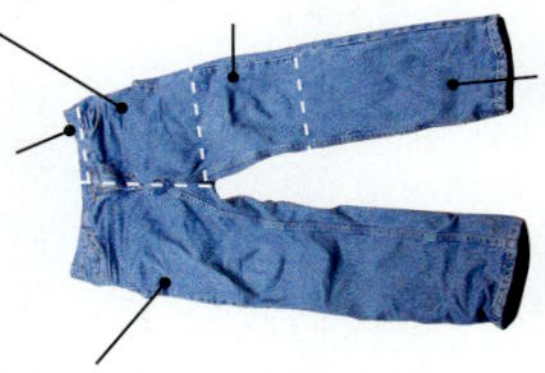

M6 Wer verdient wie viel an einer Jeans (Preis 50 €)?

Die Herstellung in allen Teilen der Welt vernetzt die Wirtschaft dieser Länder und sorgt damit für die Zunahme des Welthandels. Gewinnung und Verarbeitung der Baumwolle (z. B. Färben und Nähen) geschehen in Asien. Bei den niedrigen Lohnkosten können westeuropäische Länder schon seit Jahrzehnten nicht mehr mithalten, sodass hier im Textilsektor viele Arbeitsplätze verloren gingen. Design und Marketing werden dagegen ausschließlich in Europa abgewickelt. Hier verbleibt auch der größte Anteil der Einnahmen einer Jeans. Allein für Design und Werbung wird etwa ein Viertel des Umsatzes ausgegeben. Selbst nach der Entsorgung kann die Jeans als Einnahme dienen. Viele Textilen werden auf den Second-Hand-Märkten in Afrika verkauft.

Bangladesch	0,29 €	Indien	0,47 €
Sri Lanka	0,41 €	China	0,66 €

M5 Lohn pro Tag für Näherinnen in ausgewählten Ländern (2012)

AUFGABEN

4 **Eine elektrische Zahnbürste der Firma Philips wird in insgesamt zehn Ländern hergestellt. Begründe, warum Firmen in so vielen Ländern produzieren.**

5 **„Man sollte die Fabriken, in denen mit niedrigsten Kosten Kleidung produziert wird, schließen!" Listet Pro- und Kontra-Argumente auf und diskutiert diese.**

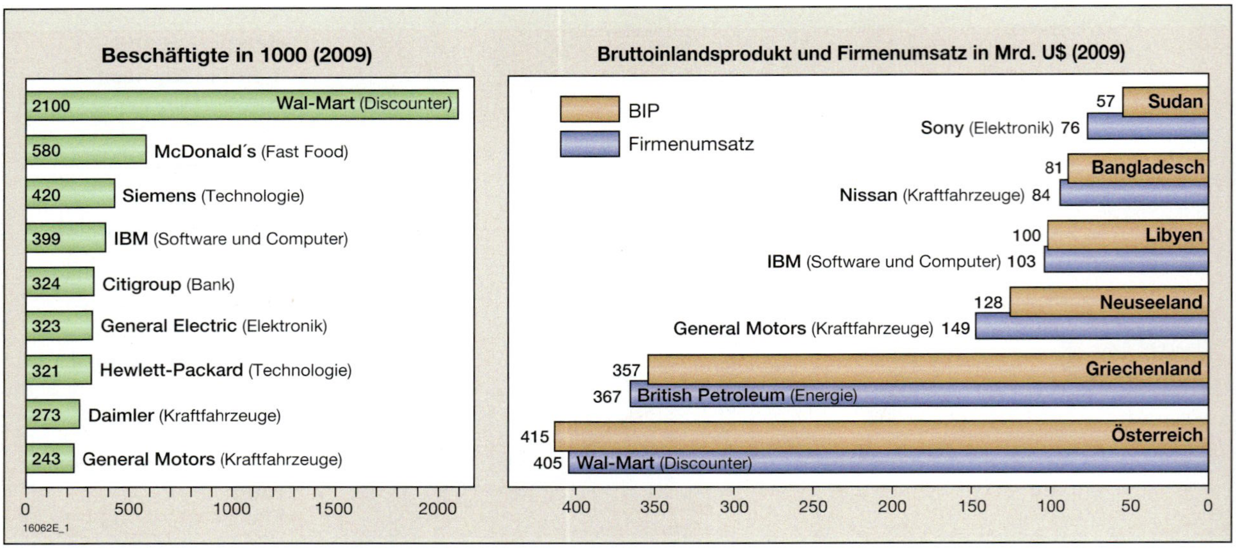

M1 Links: Beschäftigte von Weltkonzernen;
rechts: Das BIP einiger Länder im Vergleich zur Wirtschaftskraft einiger Konzerne

Coca-Cola und Co – Wie wirtschaften Global Player?

Was haben H&M, Fiat, Coca-Cola, Sony, Nestlé und Nokia gemeinsam? Sie zählen zu den rund 50 000 Global Playern, die überall auf der Welt Produktionsstätten haben. Die meisten Global Player sind zwar mittelständische Unternehmen, die bekanntesten sind jedoch große Weltkonzerne aus der Nahrungsmittel-, Textil-, Elektronik- und Autoindustrie.

Global Player nehmen Einfluss auf die wirtschaftliche Entwicklung in allen Teilen der Welt. Gegenwärtig tragen sie rund vier Fünftel zum Welthandelsvolumen bei.

Die Herstellung, Materialbeschaffung sowie der Absatz von Produkten und Dienstleistungen sind über die ganze Welt verteilt. Die Hauptsitze der Firmen sind selten am Ort der Produktion. So bezieht das schwedische Möbelhaus IKEA viele Ausgangsstoffe aus Osteuropa, die Firma Siemens lässt Software in Indien entwickeln und der VW-Konzern produziert außer in Europa auch in China und Mexiko. Dabei finden gleiche Arten der Produktion oft in den gleichen Ländergruppen statt: Forschung, Entwicklung und Verwaltung erfolgen in Westeuropa und den USA, arbeits- und lohnintensive Teilfertigungen in den Ländern Südostasiens. Die Endmontage sowie Produktion von zum Beispiel Autos erfolgt in bevölkerungsreichen Ländern wie den USA, Brasilien oder China, die auch vielversprechende Absatzmärkte sind.

Für die Standortwahl sind unter anderem wichtig: preiswerte Rohstoffe, billige Arbeitskräfte und günstige Kosten für Fabrikgelände, Energie und Telekommunikation, eine optimale Zulieferung, Steuervorteile und die Nähe von möglichst großen Absatzmärkten.

INFO

Karawanenwirtschaft

Wenn für einen Konzern die Produktionskosten an einem Standort zu teuer geworden sind, wird der Produktionsort nach dem Prinzip des Global Sourcing verlagert.

So lassen große Bekleidungsfirmen wie Nike ihre Produkte zum Beispiel nicht mehr in Vietnam fertigen. Sie sind in das angrenzende Kambodscha weitergezogen, weil dort die Löhne noch niedriger sind. Auch gibt es in Kambodscha geringere Umweltauflagen.

Mit niedrigen Produktionskosten können die Unternehmen den Käufern ihre Waren zu günstigen Preisen anbieten.

Dem alten Standort werden Arbeitsplätze, Wirtschaftskraft und Steuern entzogen.

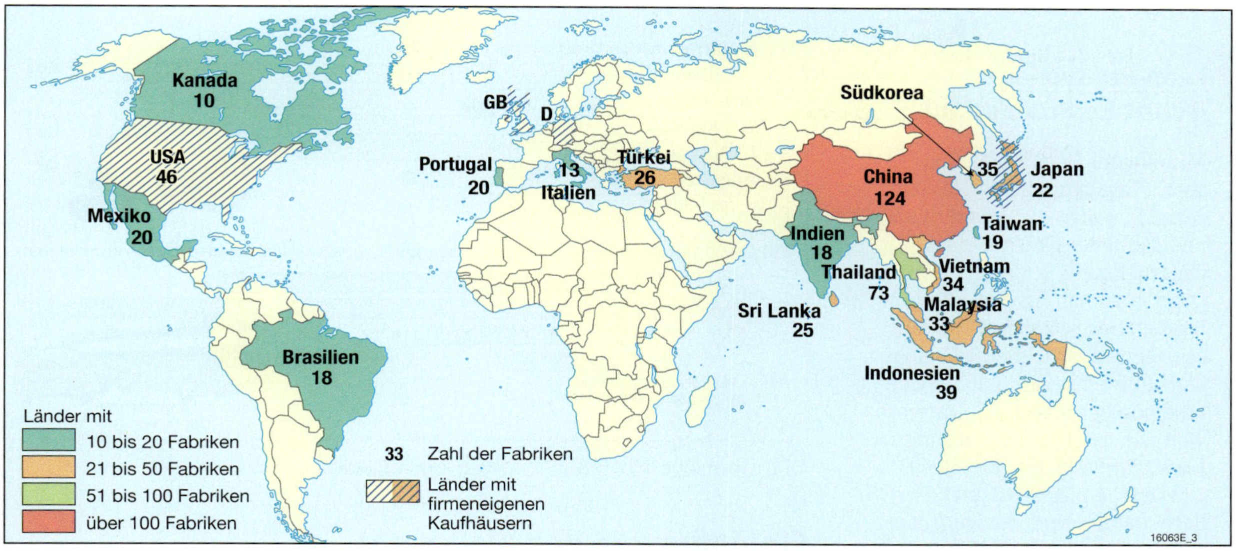

M2 Länder, die Produkte eines großen Sportartikelkonzerns herstellen (2009)

M3 Näherinnen in China verdienen oft weniger als 70 € im Monat

Nike ist der weltgrößte Sportartikelhersteller. Er beschäftigte 2010 direkt (Nike) und indirekt (Zulieferer, Speditionen, Handel) rund 1 000 000 Menschen in 160 Ländern. Die meisten arbeiteten in der Produktion, nämlich rund 800 000 Personen in 700 Vertragsfirmen (Subunternehmen) in 52 Ländern.
Der Konzern Nike beschäftigt direkt nur 30 000 Mitarbeiter in den Sparten Forschung, Design, Verkauf und Werbung, davon 6 000 in der Zentrale in Oregon/USA.
Von den 16 Mrd. US-$ Umsatz fließen etwa zwei Milliarden in die Werbung. Besondere Absatzschwerpunkte sind 14 firmeneigene Kaufhäuser („Niketowns") in den USA, Großbritannien, Japan und Deutschland.

M4 Produktionsbereiche und Beschäftigte in einem Sportartikelkonzern

AUFGABEN

1 **Erläutere den Begriff Global Player.**

2 **Kennzeichne, inwiefern Nike ein Konzern mit globaler Arbeitsteilung ist (M2 – M4).**

3 **Erstelle einen Kurzsteckbrief zweier Länder (z. B. Thailand, Sri Lanka), in denen Sportartikel produziert werden (Einwohnerzahl, BIP, Wirtschaftssektoren, Export). Recherchiere im Internet oder in einem Datenreport (z. B. Fischer Weltalmanach).**

4 **Prüfe, inwieweit Global Player deine Konsumgewohnheiten bestimmen.**

INFO

Lean Production (schlanke Produktion)

Mithilfe der Lean Production, auch „Toyota-production-System“ genannt, sollen die Produktivität und damit der Gewinn eines Unternehmens gesteigert werden. Dazu setzt man Arbeitskräfte und Produktionsmaterialien sparsam ein, reagiert so schnell wie möglich auf wechselnde Kundenwünsche und verringert die Kosten so weit wie möglich. Betriebsinterne Maßnahmen helfen, dieses Ziel zu erreichen, zum Beispiel die Bereithaltung von weniger Material vor Ort, eine hohe Motivation der Mitarbeiter oder die Senkung der Kosten zugelieferter Teile. Outsourcing hat bei der Lean Production einen hohen Stellenwert, weil die „eingekauften“ Leistungen oft preiswerter sind als im eigenen Betrieb.

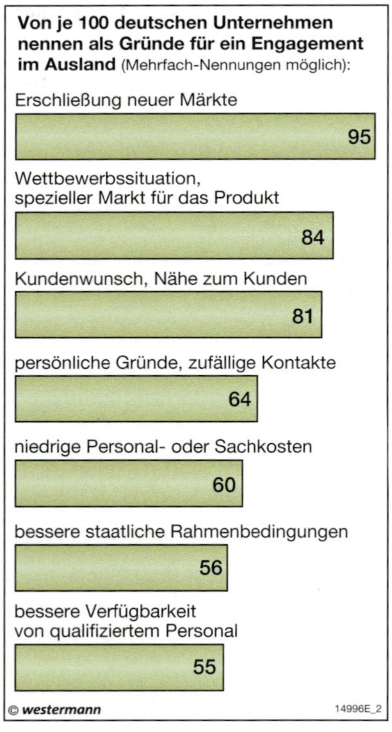

M1 Gründe für ein Auslandsengagement

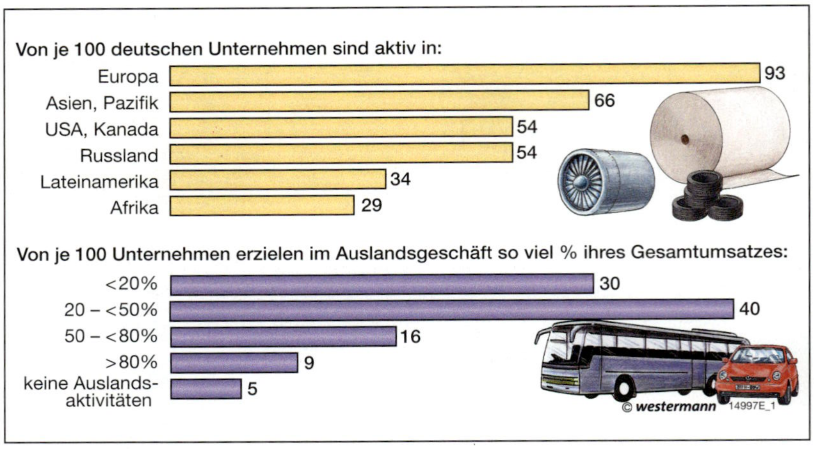

M2 Deutsche Firmen investieren im Ausland.

Einbindung in den Weltmarkt

Durch die Ausweitung der betrieblichen Tätigkeit auf den Weltmarkt können Unternehmen die eigene Wettbewerbsfähigkeit verbessern und ihre Absatzmöglichkeiten erhöhen. So können sie im Ausland produzieren oder Global Sourcing betreiben und sich dadurch weltweit günstigste Material- und Rohstoffquellen sichern.

Zwei japanische Produktionsverfahren wurden binnen kurzer Zeit von Unternehmen in der ganzen Welt übernommen: **Lean Production** und **Just-in-Time (JIT)-Fertigung.** Während die Lean Production heute in den unterschiedlichsten Unternehmen praktiziert wird, findet sich die JIT-Fertigung überwiegend in der Automobilindustrie. Dabei werden Tausende von Einzelteilen, aber auch komplette Bauteile, termingenau und in der richtigen Reihenfolge von den Zulieferern ans Band gebracht. Je mehr die Automobilunternehmen **Outsourcing** betreiben, also Teile der Produktion auslagern und anderen Firmen überlassen, desto umfangreicher wird die JIT-Fertigung. Dadurch werden unter anderem Lagerplatz und Lagerkosten eingespart. Allerdings erhöht der vermehrte Schienen- und Straßentransport die Belastung der Umwelt.

Auch Dienstleistungen wie Buchhaltungen und Reisekostenabrechnungen werden an preiswerte IT-Dienstleister „outgesourct“, zum Beispiel nach Polen oder Indien. So hat die Firma Robert Bosch Bereiche ihrer Programmierabteilung nach Bangalore vergeben. Dort programmieren rund 1000 indische Ingenieure unter anderem Navigationssysteme und Software für Motorsteuerungen für ein Viertel des in Deutschland üblichen Lohns.

Neben guten und preiswerten Arbeitskräften sind vor allem entwicklungsfähige Absatzmärkte für die rund 24000 deutschen Unternehmen auf dem Weltmarkt von Interesse. Dafür errichten sie im Ausland eigene Tochterfirmen oder **Joint Ventures** mit einheimischen Partnerschaftsunternehmen.

M3 Auf die Mitarbeiter kommt es an!

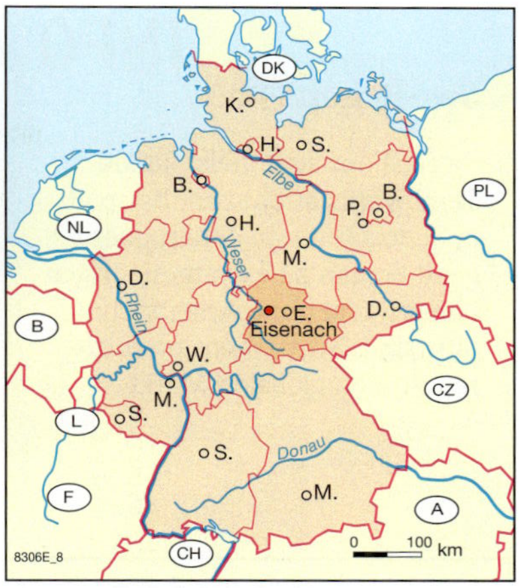

M6 Lage von Eisenach in Deutschland

Bei Opel in Eisenach wird seit Beginn der 1990er-Jahre nach den Grundsätzen der Lean Production gearbeitet. Dazu gehört die Just-in-Time-Fertigung, das heißt die „taktgenaue" Anlieferung von Materialen genau nach Plan. So kann zum Beispiel der Hersteller von Sitzen im 20 km entfernten Zulieferbetrieb seine Fertigung und den Transport so zusammenstellen, dass die Sitze nach Farbe, Größe und Ausstattung genau der Abfolge der Fahrzeuge auf dem Band im Opel-Werk entsprechen.
Die Produktion bei Opel-Eisenach basiert stark auf dem Engagement jedes Einzelnen. Jeder Mitarbeiter macht durchschnittlich im Jahr zwölf Verbesserungsvorschläge, was vorbildbildlich für den gesamten Konzern ist. Die Ergebnisse können sich sehen lassen: Der Materialvorrat konnte um rund 80 Prozent vermindert und die Jahresproduktivität um rund fünf Prozent gesteigert werden.

M4 Lean Production bei Opel in Eisenach

AUFGABEN

1 **Erstellt in der Klasse eine Weltkarte, die die Global Sourcing-Situation in M5 grafisch darstellt.**

2 **Hauptziel der Lean Production ist die Steigerung von Produktivität und Gewinn.**
Erkläre, inwieweit Just-in-Time-Fertigung, Outsourcing und Engagement der Mitarbeiter diesem Ziel dienen.

3 **Verfasse einen Text zum Thema: Lean Production – Vorteile**
a) für die Betriebe,
b) ihre Beschäftigten.

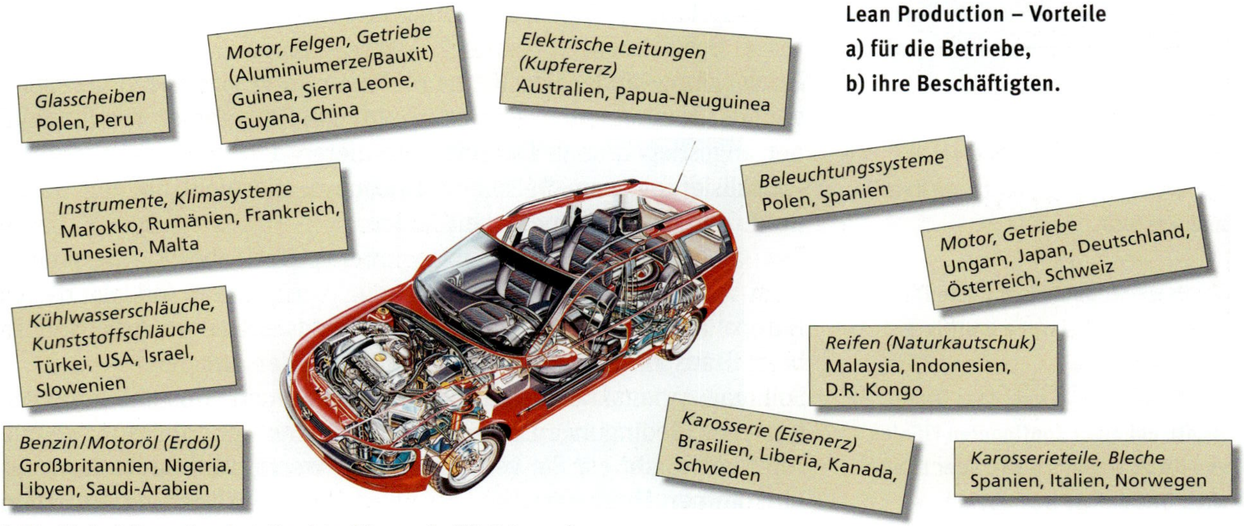

M5 Global Sourcing bei Opel in Eisenach (Thüringen)

Gewinner und Verlierer der Globalisierung

INFO

Sweatshop

Sweatshops sind meist kleine Textilwerkstätten, zum Beispiel in Südostasien, in denen überwiegend Frauen zu extrem niedrigen Löhnen und ohne Arbeitsschutz tätig sind. Sweatshops produzieren für den globalen Markt.

M2 Altkleider aus Europa in Nairobi, Kenia

a) Auf einem Markt in Nigeria: Händler und Handwerker konkurrieren mit billiger Importware: ein örtlicher Schreiner mit einem Geschäft mit Plastikstühlen aus China; ein Imbiss-Laden mit einem KFC-Lokal. Marktstände, die handgefertigte Souvenirs für Touristen anbieten, erzielen gute Gewinne.

b) In allen Kontinenten: Globale Ketten wie H&M, Ikea oder McDonald's verdrängen einheimische Geschäfte und Restaurants. Die Haupteinkaufsstraßen deutscher Großstädte werden sich ähnlicher. Auch sieht man überall die gleichen TV-Sendungen. Zum Beispiel läuft „Wer wird Millionär?" in über 100 Ländern.

c) In Deutschland: Betriebe, zum Beispiel in der Textilherstellung, verlagern Teile ihrer Produktion ins Ausland, weil dort die Löhne niedriger sind. Dadurch entfallen bei uns Arbeitsplätze. Allerdings bleiben die Waren auf diese Weise weltweit konkurrenzfähig und für die Verbraucher preiswert.

M1 Beispiele für Gewinner und Verlierer der Globalisierung

Ist Globalisierung positiv oder negativ zu bewerten?

Eine Antwort auf die Frage fällt schwer. Weltweit ist zwar der Lebensstandard gestiegen und die Entwicklungsländer haben im Welthandel aufgeholt. Gleichzeitig sind aber die Gegensätze zwischen Arm und Reich gewachsen – und zwar innerhalb der reichen und innerhalb der armen Länder. Daher wäre es zu einfach, die Industrieländer als Gewinner und die Entwicklungsländer als Verlierer zu bezeichnen.

Entwicklungsländer wie Vietnam können insgesamt Gewinner sein, weil der Handel und das durchschnittliche Einkommen pro Einwohner angestiegen sind. Dennoch profitieren dort viele nicht von der Globalisierung, zum Beispiel Kleinbauern, die nicht für den Markt produzieren oder keine Arbeit finden.

Die Globalisierung schafft zwar Arbeitsplätze, aber sie vernichtet auch welche. So gehen in Afrika beim Verkauf von Altkleidern aus Europa Textilfabriken bankrott, andererseits entstehen Arbeitsplätze beim Transport, Sortieren und Umarbeiten der Altkleider.

Soll man Arbeitskräfte, selbst wenn sie in **Sweatshops** unter ausbeuterischen Bedingungen arbeiten, als Verlierer sehen? Denn welche Alternative gibt es? Sie verdienen zwar wenig, verbessern aber das Einkommen ihrer Familien. So wirkt die Globalisierung auf jeden Ort der Welt. Gewinn oder Verlust? – Das ist jedes Mal die Frage.

AUFGABEN

1 **Stelle in einer Tabelle je fünf Beispiele von Gewinnern und Verlierern der Globalisierung zusammen (M1, M2).**

2 **Erkläre am Beispiel einer McDonald's-Filiale in Vietnam, wer von der Globalisierung profitieren kann und wer nicht.**

3 **Bewerte, ob du und deine Familie von der Globalisierung profitieren.**

4 **Findest du es gut, dass Großstädte auf allen Kontinenten Filialen von H&M, Wal-Mart, KFC oder ähnlichen Global Players haben? Bewerte die Situation.**

Eine Diskussion führen

So bereitet ihr die Diskussion vor

1. Bestimmt einen Diskussionsleiter.
2. Bildet anschließend vier Gruppen und wählt jeweils eine der auf dieser Seite dargestellten Personen aus, mit deren Meinung zur Globalisierung ihr euch auseinandersetzen wollt. Bei Bedarf zieht weitere Informationsquellen wie Zeitungen oder das Internet hinzu. Fasst die wichtigsten Punkte in Stichworten zusammen.
3. Abschließend bestimmt jede Gruppe einen Schüler, der sie in der Diskussion vertritt und dabei die Rolle der ausgewählten Person übernimmt.
4. Die übrigen Schüler benötigen für die Diskussion Notizpapier.
5. Dem Diskussionsleiter sollten die Meinungen aller Diskussionsteilnehmer vertraut sein.
6. Abschließend ordnet ihr die Stühle in eurer Klasse folgendermaßen an:

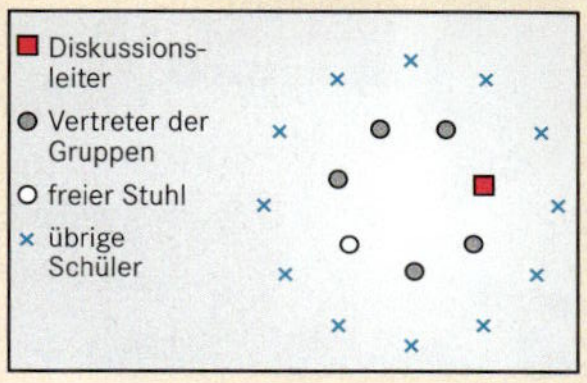

So läuft die Diskussion ab

1. Der Diskussionsleiter führt in das Thema ein und ist für den geregelten Ablauf der Diskussion verantwortlich.
2. Die Schüler, die nicht Vertreter ihrer Gruppen sind, machen sich Notizen zu den aufgeführten Aspekten.
3. Diese Schüler können sich auch an der Diskussion beteiligen. Dazu setzt sich ein Schüler aus dem Außenkreis auf den freien Stuhl im Innenkreis. Die Person, die gerade spricht, darf ihre Ausführungen noch beenden. Anschließend kann der hinzugekommene Schüler seinen Diskussionsbeitrag leisten. Danach macht er den Stuhl wieder frei.
4. Wer den Innenkreis verlässt, kann zurückkehren, sobald der Stuhl wieder frei ist.
5. Nach Abschluss der Diskussion findet eine gemeinsame Auswertung statt. Dabei sollten unter anderem folgende Aspekte erörtert werden:
   - Einhaltung der Diskussionsregeln
   - Moderation der Diskussion durch den Diskussionsleiter
   - Nutzung des freien Stuhls zum Mitdiskutieren
   - sachliche Fundiertheit der Diskussionsbeiträge
   - Lebhaftigkeit der Diskussion
   - Ergebnis der Diskussion.

AUFGABE

5 Ausgangssituation: Am Rand der UN-Weltkonferenz zum Thema „Globalisierung" treffen sich Personen aus verschiedenen Nationen, um über die positiven und negativen Auswirkungen der Globalisierung zu diskutieren. Vier Diskussionsteilnehmer und ihre Meinungen findet ihr hier. Führt die Diskussion durch.

Frau Rodriguez, 28 Jahre, Hausfrau in Mexiko:
Durch die große Nachfrage der Amerikaner nach Mais sind die Preise bei uns so stark angestiegen, dass wir kaum noch unsere Tortillas bezahlen können.

Herr Santos, 37 Jahre, Umweltschützer in Brasilien:
Die Globalisierung führt zu großen Umweltbelastungen. So erhöht der weltweit steigende Fleischkonsum die Nachfrage nach Soja. Die damit verbundene Erschließung neuer Sojaanbauflächen zerstört wertvolle Naturflächen.

Herr Mayer, 55 Jahre, Automobilmanager aus Deutschland:
Die deutsche Automobilindustrie hat in den letzten Jahren viele neue Standorte in Niedriglohnländern eröffnet. So können wir unsere Wettbewerbsfähigkeit und Hunderttausende von Arbeitsplätzen in Deutschland sichern.

Frau Segeri, 35 Jahre, Näherin in Indonesien:
Mit den Hosen, die ich nähe, finanziere ich den Schulbesuch meiner Kinder. Mein Mann verdient zwar genug, um die Familie zu ernähren. Doch um auch noch Schuluniformen, Hefte und Bücher für unsere drei Jungen und zwei Mädchen zu bezahlen, reicht sein Einkommen nicht.

AUFGABEN

1 **Führt ein Projekt oder mehrere Projekte in Kleingruppen durch.**

2 **Diskutiert, inwieweit Saarbrücken**
a) als Gewinner oder als Verlierer der Globalisierung zu sehen ist,
b) sich in Zukunft durch die Globalisierung verändern wird.

Auf Spurensuche in der Stadt

Globalisierung erleben wir hautnah, wenn wir tropische Früchte essen und Textilien „Made in Südostasien“ tragen. Außerdem erfahren wir sie, wenn wir in der Stadt an globalen Firmen oder Logos vorbeigehen. Weiterhin führen uns die Medien mit ihren Informationen, Bildern und Reportagen täglich in alle Teile der Welt.
Einige Beispiele für Globalisierung in eurer unmittelbaren Umgebung könnt ihr in Projekten selbstständig untersuchen. Arbeitet in Kleingruppen.

Projekt 1: Welthandel
Die meisten Gegenstände im Haushalt einer Familie sind Handelswaren: Nahrungsmittel, Werkzeuge, Möbel, Kleingeräte oder Spielzeug. Ein Großteil davon wurde nicht in Deutschland produziert.
Wählt rund zehn Produkte aus. Recherchiert zu diesen Produkten unter dem Aspekt Welthandel: Wo ist die Ware hergestellt worden? Welche Produktionsstufen hat sie durchlaufen? Welche Transportwege sind angefallen? Stammt sie von einem Weltkonzern?

M1 Handelswaren in unserem Alltag

Projekt 2: Global Player
International tätige Firmen oder ihre Filialen begegnen uns in jeder Stadt besonders an zwei Standorten: in Gewerbegebieten und in der City. Dort sieht man, wie eine Stadt über ihre Wirtschaft global verflochten ist.
Recherchiert, welche Betriebe in einem Gewerbegebiet einer Großstadt global von Bedeutung sind. Wählt daraus oder aus der Einkaufszone der Innenstadt einzelne Global Player aus und stellt sie genauer vor. Findet dafür eigene Kriterien.

M2 Zwei von vielen international tätigen Firmen

M3 Globale Informationsgesellschaft durch die Medien

Projekt 3: Globalisierung durch die Medien

Wie früher über das Dorf, so ist heute jede Familie über die ganze Welt informiert. Ob Tageszeitung, Internet oder Aktienkurse – sie alle berichten über weltweit wichtige Ereignisse: Politik, Wirtschaft, Kultur oder auch den weltweiten Klimawandel. Untersucht zum Beispiel, welche Länder in welchen Medien erwähnt werden oder welche internationalen Themen (z. B. Kultur, Wirtschaft) behandelt werden. Legt einen Tag als Beobachtungszeitraum fest und entscheidet euch für etwa drei Medien.

So könnt ihr bei jedem der Projekte vorgehen

1. Schritt: Planung

Wo und wie finden sich in eurer Schulumgebung Spuren von Globalisierung? Nutzt die Anregungen dieser Seite. Diskutiert die Vorschläge und einigt euch auf ein konkretes Thema (eine Frage) pro Arbeitsgruppe.
Plant die Durchführung:

- Wie bilden wir die Arbeitsgruppen? Wer übernimmt darin welche Aufgabe?
- Wie erhalten wir die Informationen, die wir brauchen (z. B. durch Befragung, Kartierung)?
- Auf welchen Zeitplan können wir uns einigen?

2. Schritt: Durchführung und Informationsbeschaffung

Diese Phase ist die aufwendigste. Legt fest, wer was wann wo mit wem und mit welcher Ausrüstung tut.
Recherchiert möglichst viel vor Ort. Neben Befragungen erhaltet ihr auch durch Inhaltsverzeichnisse, Telefonbücher oder Erkundigungen bei Lokalzeitungen Informationen.
Ordnet eure gesammelten Einzelergebnisse und arbeitet sie zu zusammenfassenden Texten und Anschauungsmaterialien (z. B. Karte, Diagramm, Collage) aus.

3. Schritt: Auswertung und Präsentation

Stellt die Ergebnisse der Arbeitsgruppen vor. Erörtert sie anschließend. Überlegt dabei auch, welche weitergehenden Fragen sich ergeben. Zum Beispiel: Ist die Globalisierung wichtig für unsere Stadt? Ist sie für uns persönlich von Vorteil? Wie können wir negativen Auswirkungen begegnen? Wer steht ihr kritisch gegenüber, mit welchen Argumenten?
Daraus können sich weitere Untersuchungen ergeben. Präsentiert alle Gruppenergebnisse in der Klasse oder in der Schule.

„Die Welt in unserer Stadt"

1. Wie global bzw. international ist eure Schule?
2. Durchsucht das Branchen-Telefonbuch von Saarbrücken nach ausländischen Restaurants oder öffentlichen Einrichtungen.
3. Führt Umfragen in Reisebüros mehrerer Stadtteile nach Reisezielen der Kunden durch.
4. Untersucht die Internet-Auftritte einiger Global Player in verschiedenen Ländern und vergleicht sie.
5. Listet die Herkunft von
   a) Lebensmitteln,
   b) technischen Geräten
   in Geschäften rund um die Schule auf.
6. Wo kann man in der Schulumgebung welche FairTrade-Produkte kaufen?
7. Besichtigt einen Fastfood-Betrieb in eurer Stadt und stellt seine wirtschaftliche Bedeutung genauer vor.

M4 Weitere Projektvorschläge

Waren weltweit unterwegs

Täglich werden gigantische Mengen an Waren ausgetauscht. Am bedeutendsten ist der internationale Handel mit Industrieprodukten wie Maschinen, Kraftwerken oder Schiffen sowie Rohstoffen aus dem Bergbau und der Landwirtschaft. Gehandelt wird aber auch zunehmend mit Dienstleistungen (z.B. Telefondiensten, Transportleistungen, Datenpflege, Bearbeiten von Fotos), mit Ideen (z.B. Patenten, wissenschaftlichen Untersuchungen), mit Geld (z.B. Devisen, Aktien) oder mit Aufführungsrechten (z.B. Filmen, Musik).
Rund zwei Drittel der Welthandelsströme fließen zwischen den großen Industrienationen auf der Nordhalbkugel der Erde: zwischen Nordamerika, der EU und Japan (Triade) sowie Südostasien. In den Industriestaaten liegen auch die meisten Häfen und großen Flughäfen. Das Welthandelsvolumen der Länder Lateinamerikas, Afrikas und Arabiens ist kleiner; sie handeln hauptsächlich mit Rohstoffen. Da das enorme Wirtschaftswachstum in Indien und China seit 2004 einen regelrechten „Hunger" nach mineralischen Rohstoffen auf dem Weltmarkt verursacht hat, sind die Preise der Rohstoffe gestiegen und die Stellung der Exportländer hat sich verbessert. Seit 2008 steigen aufgrund verstärkter Nachfrage auch die Preise für agrarische Rohstoffe.
Der Welthandel wird hauptsächlich per Schiff abgewickelt. Der Luftfrachtanteil ist jedoch in den letzten Jahren stark angestiegen und umfasst etwa ein Drittel des internationalen Warenverkehrs.

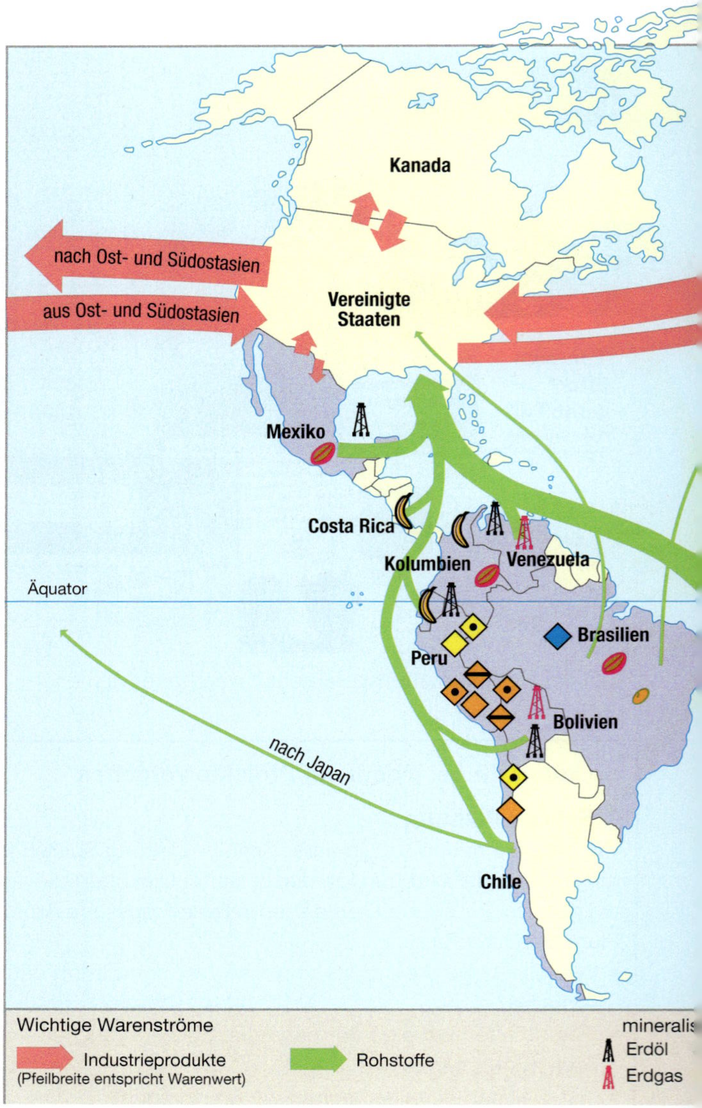

M1 Wichtige Rohstoffe und Handelsströme (Auswahl)

Die Port of Singapore Authority (PSA) ist ein staatliches Unternehmen, das alle Häfen Singapurs unterhält. Mittlerweile hat die Firma in 16 Ländern der Erde in 28 Häfen Außenstellen bzw. Firmenzweigstellen eröffnet. Den Kunden der Branche, Reedereien und Logistikunternehmen, kann so eine schnellere Abfertigung der Containerschiffe und Kosteneinsparung angeboten werden. Natürlich profitiert auch der Staat Singapur vom weltweiten Warentransport per Schiff und der Gewinnbeteiligung an der PSA.

M2 Der staatliche Hafenbetreiber Singapurs (PSA) hat Zweigstellen in vielen Häfen der Welt.

AUFGABEN

1 **Beschreibe den internationalen Handel der USA (M1).**

2 **Vergleiche die Handelsströme auf der Nord- und der Südhalbkugel und erkläre die Unterschiede (M1).**

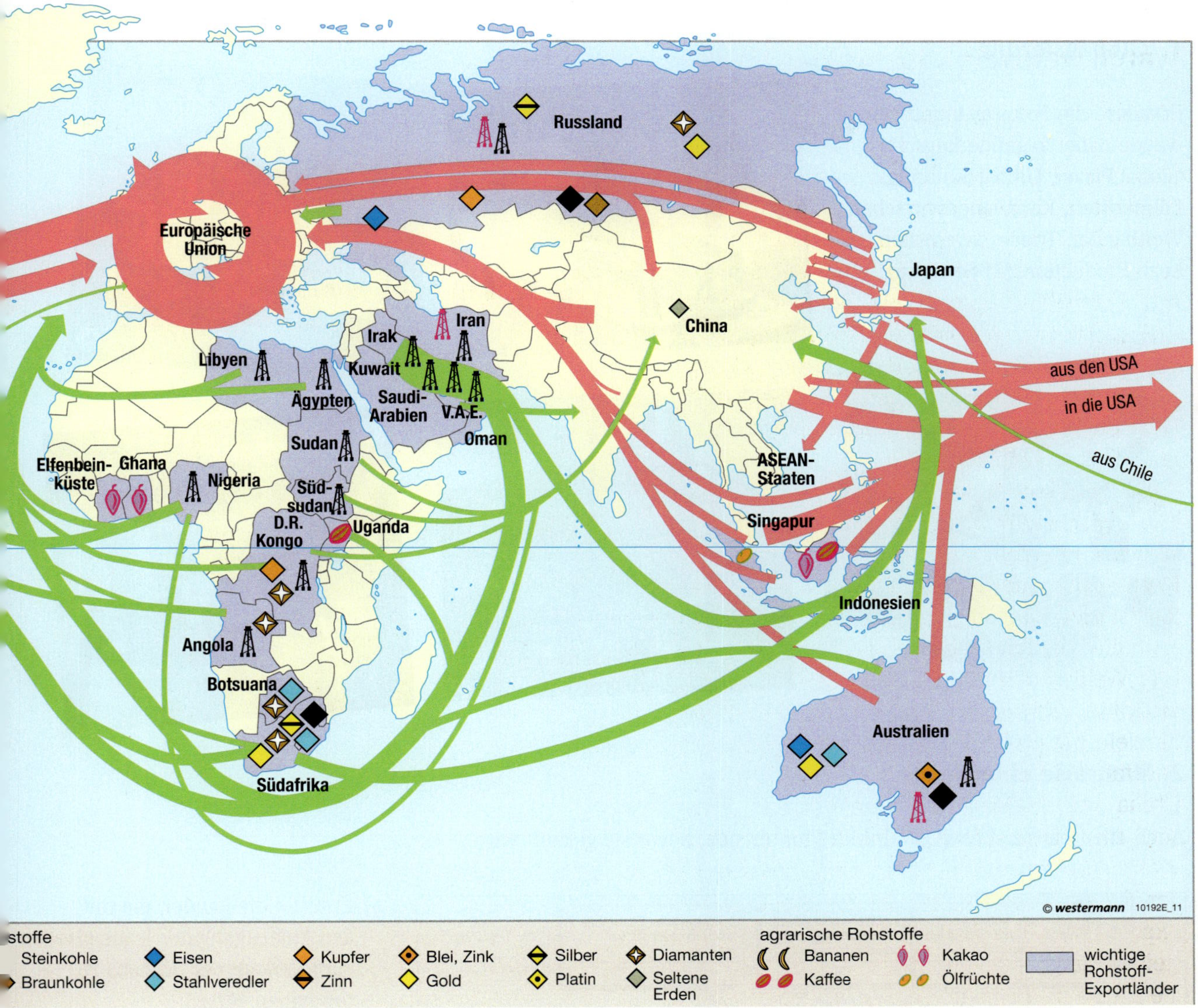

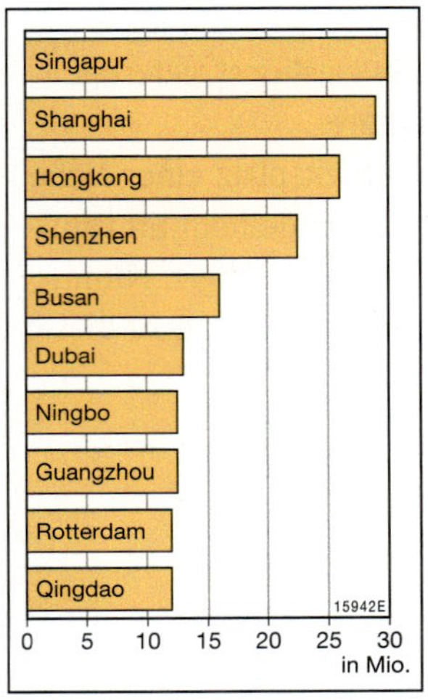

◁ M3 Weltweit größte Häfen 2012 (in TEU: Twenty-foot Equivalent = Standardcontainer)

AUFGABEN

3 **Notiere je drei Länder aus Lateinamerika, Afrika und Westasien mit agrarischen oder mit mineralischen Rohstoffen (M1).**

4 **Russland, Australien und die arabischen Staaten wie Iran und Irak sind wichtige Exportländer. Erläutere, welche Unterschiede zwischen ihnen bestehen.**

5 **Im Hafen von Singapur werden die meisten Waren umgeschlagen.**

a) Nenne Gründe dafür (M3, Atlas).

b) Erkläre die Strategie, die die PSA verfolgt (M2).

Leben in einer globalisierten Welt

1. Globalisierung

Erläutere die Fotos a–e und verwende dabei folgende Begriffe: Global Player, Global Sourcing, Lohnkosten, Karawanenwirtschaft, Welthandel, Triade, Sweatshop, Lean Production, JIT-Fertigung.

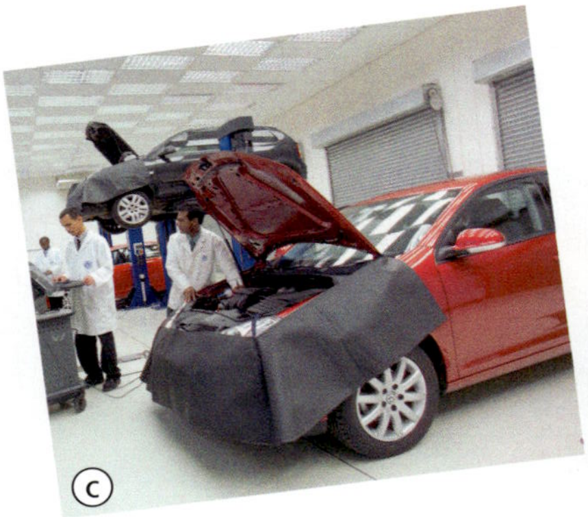

2. Weltreise einer Jeans

Auch eine Jeans hat eine „Weltreise“ hinter sich, bevor sie gekauft wird.

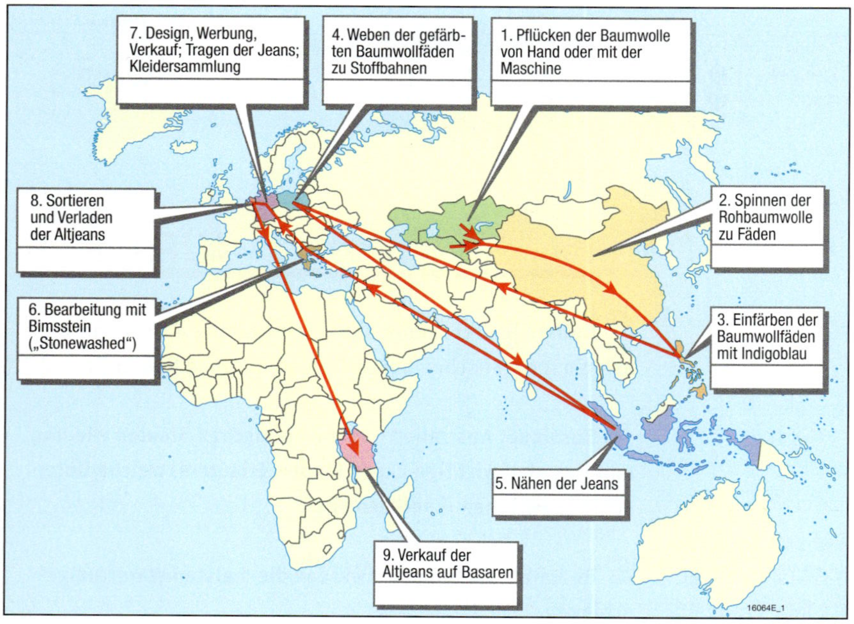

a) Ermittle die Länder, die mit der Anfertigung der Jeans bis zum Verkauf der Altjeans zu tun haben (Atlas).
b) Stelle die Produktionsstufen der Jeans als Kausalkette dar.
c) Teilweise wird die Jeans in „Sweatshops“ gefertigt. Erläutere.
d) Der Arbeitsplatz einer Näherin ist von deinem Einkaufsverhalten abhängig. Nimm begründet Stellung zu dieser Aussage.

3. Global Sourcing

a) Erkläre den Begriff „Global Sourcing“.

b) Der Besitzer einer Firma, die T-Shirts herstellt, wird von einem Reporter gefragt, warum er nicht in Deutschland produziert. Versetze dich in seine Lage und antworte an seiner Stelle.

c) Überlege weitere Fragen und Antworten und schreibe das Interview auf.

5. Globalisierung: Zwei Seiten einer Medaille

a) Notiere die positiven und negativen Auswirkungen der Globalisierung in einer Tabelle.

b) Wäge ab und entscheide, ob Globalisierung positiv oder negativ zu bewerten ist.

4. Orientierung: Handelsströme zwischen den Wirtschaftsregionen der Welt

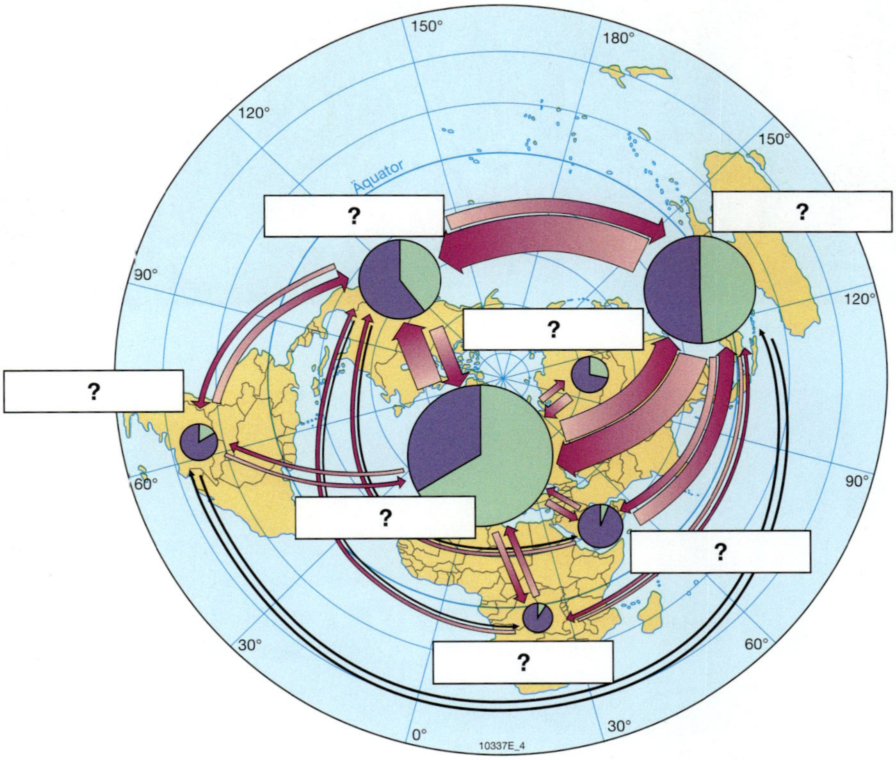

a) Übertrage die Welthandelsströme vereinfacht als Skizze in dein Heft oder deine Mappe und beschrifte sie.

b) Markiere die Triade mit einem roten Stift.

Was habe ich gelernt?

1. Ich kann den Begriff Globalisierung erklären.
2. Ich kann internationale Verflechtungen bei der Produktion, Vermarktung und Entsorgung von ausgewählten Produkten erklären.
3. Ich kann die Bedeutung der Weltkonzerne als wichtige Akteure im Rahmen der Globalisierung erläutern.
4. Ich kann die Strukturen der internationalen Arbeitsteilung im Welthandel erklären.
5. Ich kann grundlegende Strukturen des Welthandels beschreiben.
6. Ich kann die Welthandelsströme ausgewählter Waren erläutern.

Globale Entwicklungsunterschiede

M1 Im Einkaufszentrum CentrO Oberhausen

M2 In Bangalore/Indien

CENTRO
PHILIPS

AUFGABEN

1 a) Beurteile, inwieweit Sanjeevas Grundbedürfnisse befriedigt werden.
b) Beschreibe, inwieweit deine Grundbedürfnisse erfüllt sind.

2 Vergleiche das Leben der beiden Mädchen in M4.

3 Erläutere die Folgen von Unterernährung für die Menschen und die Gesellschaft (M2).

4 Benenne Merkmale, anhand derer Industrie- und Entwicklungsländer unterschieden werden können.

Arbeit statt Schule

Ein Mittwochmorgen zur Zeit der großen Pause: Der elfjährige Sanjeeva fasst in Allahabad (Indien) 100 Streichhölzer zu einem Bündel zusammen und klebt ein Etikett darauf. Das macht er zehn Stunden am Tag, sechs Tage die Woche, für umgerechnet etwa 70 Cent (pro Woche). Er wohnt in einem firmeneigenen Zimmer mit acht Jungen; er ist der älteste von ihnen. Ferien und Feiertage gibt es keine. Der Besuch einer Schule bleibt für ihn ein Traum.

M1 Grundbedürfnisse

So wie Sanjeeva geht es Millionen von Kindern in den Entwicklungsländern. Aufgrund der Kinderarbeit können die **Grundbedürfnisse** der Kinder nicht ausreichend befriedigt werden.

Entscheidend sind die Lebensbedingungen

In den Entwicklungsländern sind die Grundbedürfnisse (M1) der meisten Bewohner nicht befriedigt: Hier hungern viele Menschen, haben keine Arbeit und sind **Analphabeten**. In Ländern wie

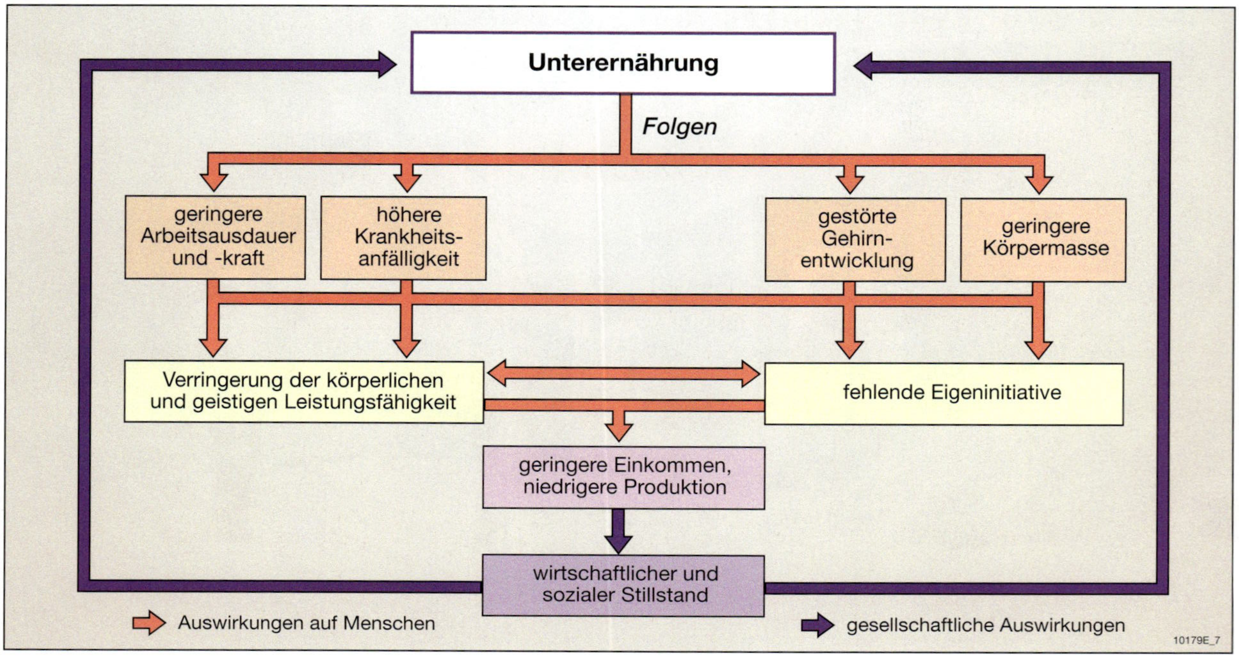

M2 Folgen von Unterernährung

Deutschland, die man als Industrieländer bezeichnet, sind dagegen die Grundbedürfnisse der meisten Bewohner befriedigt; viele Menschen leben sogar im Überfluss.

An der Ernährungssituation wird das sehr deutlich: Täglich sterben in den Entwicklungsländern über 30 000 Kinder an Hunger, das heißt, sie bekommen zu wenig Nahrung, um den notwendigen Kalorienbedarf zu decken. Etwa 20 Prozent der Weltbevölkerung sind von **Unterernährung** betroffen. Darüber hinaus leiden viele Menschen an **Mangelernährung.** Ihre Nahrung ist sehr einseitig zusammengesetzt, sodass lebensnotwendige Stoffe (z. B. Eiweiße, Vitamine) fehlen. Viele Bauernfamilien in Süd- und Ostasien können sich kaum andere Nahrungsmittel leisten als Reis. Daher gibt es zu allen Mahlzeiten Reis, nur selten Gemüse und höchstens einmal im Monat Fleisch.

In vielen Industrieländern beklagt man dagegen Fettleibigkeit, die den Krankenkassen jährlich Kosten in dreistelliger Millionenhöhe beschert.

Über 200 Mio. Kinder unter 15 Jahren arbeiten weltweit.

- Sie pflücken Tabak in Indonesien, Tee in Sri Lanka, Orangen in Brasilien.
- Sie knüpfen Teppiche in Indien, Pakistan, Nepal und Afghanistan.
- Sie nähen T-Shirts in Bangladesch.
- Sie fertigen Handtaschen in Thailand.
- Sie waschen Gold in Peru.
- Sie schleifen Diamanten, zerkleinern Steine, fertigen Streichhölzer oder färben Leder mit giftigen Chemikalien. Weltweit werden über acht Millionen Kinder gezwungen, als Arbeitssklaven, Kindersoldaten oder Prostituierte zu arbeiten.

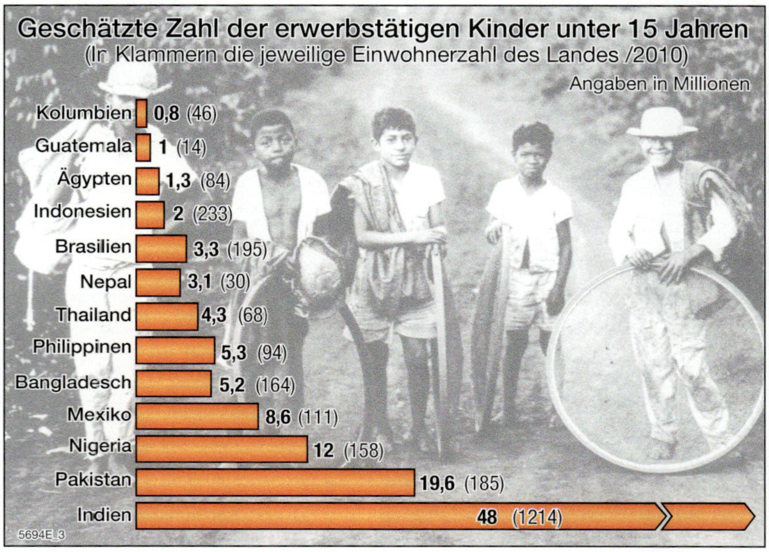

M3 Kinderarbeit

Eden aus Äthiopien
Eltern: Bauern; sechs Geschwister
Mit 8 Jahren: Arbeit im Haushalt, auf dem Feld; Betreuung der Geschwister
Mit 16: Heirat eines von der Mutter ausgesuchten Mannes; erstes Kind
Mit 29: Tod des fünften Kindes bei der Geburt
Mit 35: Sechstes Kind
Mit 38: Geburt des vierten Enkels
Mit 50: Tod

Marie aus Deutschland
Vater: Angestellter, Mutter: Beamtin; ein Bruder
Mit 8 Jahren: Schulbesuch; Ballett- und Reitunterricht
Mit 16: Mittlere Reife; erster, fester Freund
Mit 29: Beruf: Biologisch-technische Assistentin; Heirat
Mit 35: Zweites Kind
Mit 38: Jüngstes Kind im Kindergarten; Teilzeitarbeit
Mit 50: Voll berufstätig
Mit 62: Geburt des ersten Enkels
Mit 82: Tod

M4 Zwei Menschen – zwei Welten

AUFGABEN

1 Das Bruttoinlandsprodukt eines Landes gilt als ein Zeichen für seinen wirtschaftlichen Wohlstand. Vergleiche die Werte in M2.

2 Vergleiche die Anteile der Industrieländer und die der Entwicklungsländer an den einzelnen Bereichen im Zusammenhang mit dem Entwicklungsstand der beiden Ländergruppen (M1, M2).

3 Erörtere die Zusammenhänge zwischen den Entwicklungskennzeichen und den Todesursachen in Industrie- und Entwicklungsländern (M1, M3).

4 Beschreibe die Situation der Bevölkerung in Bezug auf die Erfüllung von Grundbedürfnissen
a) in den Industrieländern,
b) in den Entwicklungsländern.

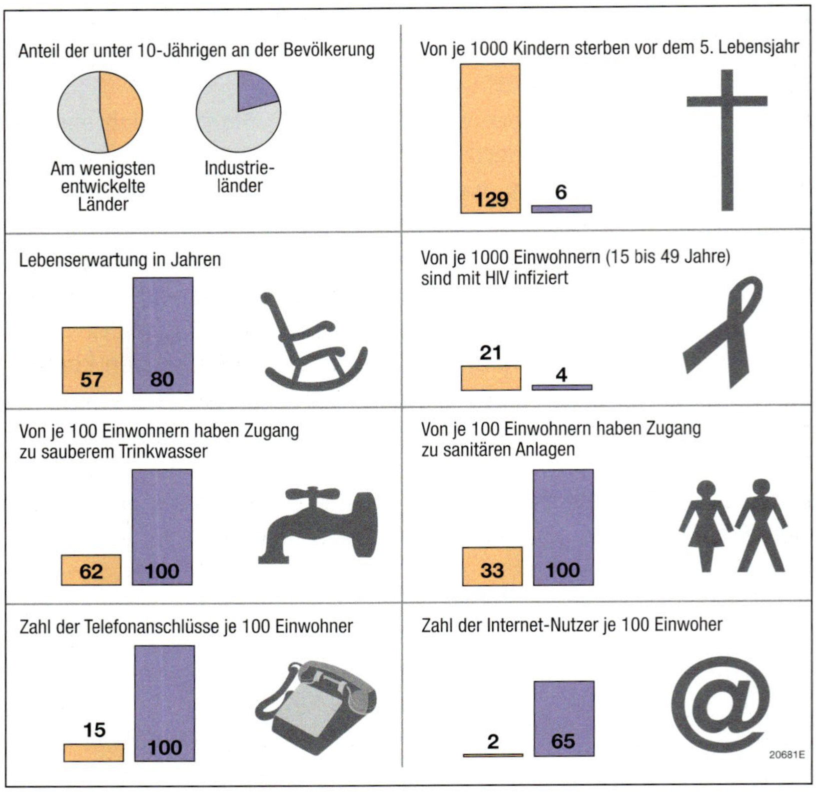

M1 Entwicklungskennzeichen

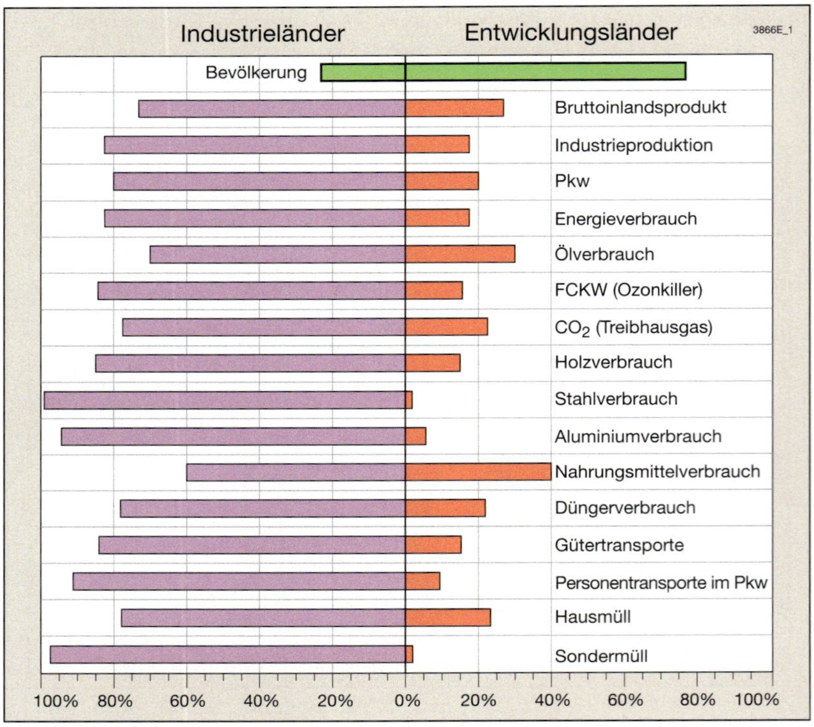

M2 Industrie- und Entwicklungsländer im Vergleich (2010)

Industrieländer – Entwicklungsländer

Die Lebensbedingungen der Bevölkerung sind in den Ländern der Erde verschieden. Die großen Unterschiede sind meist auf den Stand der wirtschaftlichen Entwicklung der einzelnen Länder zurückzuführen. Dieser wird in der Regel mithilfe des Bruttoinlandsprodukts (BIP) ermittelt (siehe S. 68).

In den hoch entwickelten Ländern, den **Industrieländern**, sind die Grundbedürfnisse für den überwiegenden Teil der Bevölkerung gedeckt. Die meisten Menschen haben einen hohen Lebensstandard, weil Arbeitsteilung, Mechanisierung, Mikroelektronik, Telekommunikation und Biotechnologie in Industrie und Landwirtschaft für hohe **Produktivität** und damit Wohlstand der Bevölkerung sorgen.

In den gering entwickelten Ländern, den **Entwicklungsländern**, können die Grundbedürfnisse der meisten Menschen kaum erfüllt werden. So ist zum Beispiel die Trinkwasserversorgung aufgrund mangelhafter Infrastruktur völlig unzureichend entwickelt. Auch das Recht auf Bildung und politische Mitbestimmung bleibt vielen verwehrt. Es fehlen Schulen sowie Ausbildungsplätze und damit die Aussicht auf einen attraktiven Beruf.

Die wirtschaftliche Situation dieser Länder ist nach wie vor schwierig. Sie spüren heute oftmals noch die Folgen der langen Kolonialzeit, in der die Wirtschaft der Länder in der Regel auf Rohstofflieferungen an die Kolonialmacht ausgerichtet war (siehe S. 112).

Das änderte sich auch später mit Beginn der Unabhängigkeit wenig. Es gibt in den Ländern zum Beispiel bis heute kaum Industrie. Deshalb arbeiten die Menschen meist in der Landwirtschaft. Insgesamt fehlen Millionen gut bezahlter Arbeitsplätze in diesen Ländern.

INFO

Produktivität

So nennt man in der Wirtschaft das Verhältnis des Einsatzes (z. B. von Arbeitskraft) zum Ergebnis (z. B zur erzeugten Menge von Waren). Eine hohe Produktivität ergibt sich somit bei geringem Einsatz und hohem Ergebnis.

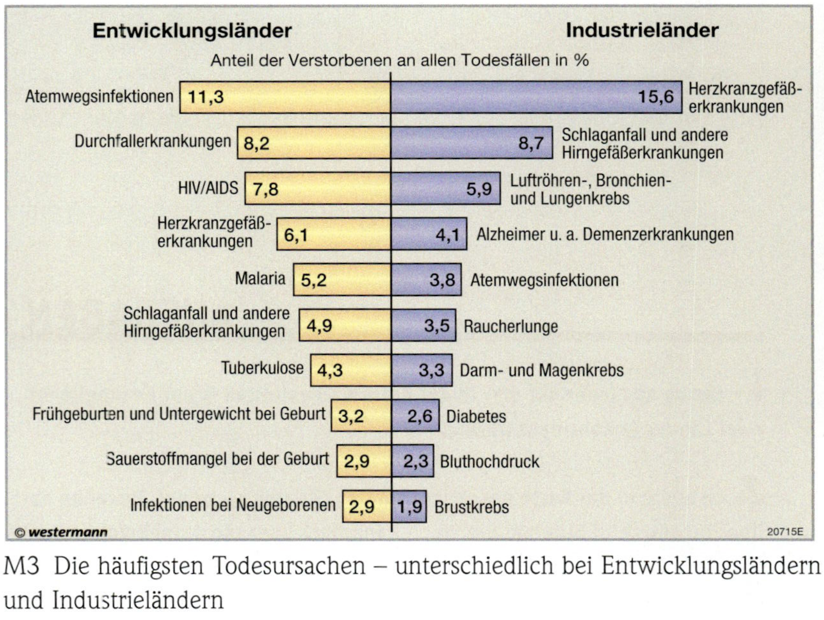

M3 Die häufigsten Todesursachen – unterschiedlich bei Entwicklungsländern und Industrieländern

M4 In Europa und im Sudan

Drei Welten – vier Welten – eine Welt

INFO 1

Begriffsverwirrung …

… herrscht im allgemeinen Sprachgebrauch beim Thema „Entwicklungsländer“.

Entwicklungsland: armes Land mit geringer Industrialisierung.
Industrieland: reiches Land mit hoher Industrialisierung (obwohl in den „entwickelten“ Ländern heute meist der tertiäre Sektor dominiert).
Schwellenland: ein „auf der Schwelle zum Industrieland“ stehendes Land, z. B. Brasilien.
Erste Welt: die Industrieländer; früher die westlichen Industrieländer.
Zweite Welt: früher Länder des Ostblocks. Der Begriff wird heute nicht mehr gebraucht.
Dritte Welt: die Entwicklungsländer.
Vierte Welt: sehr arme Entwicklungsländer (LDCs).
Eine Welt: Der Gebrauch dieses Begriffes soll daran erinnern, dass wir in enger Verknüpfung und Abhängigkeit mit den anderen Ländern leben und die Dritte Welt nicht gelöst von der Ersten Welt betrachten dürfen.

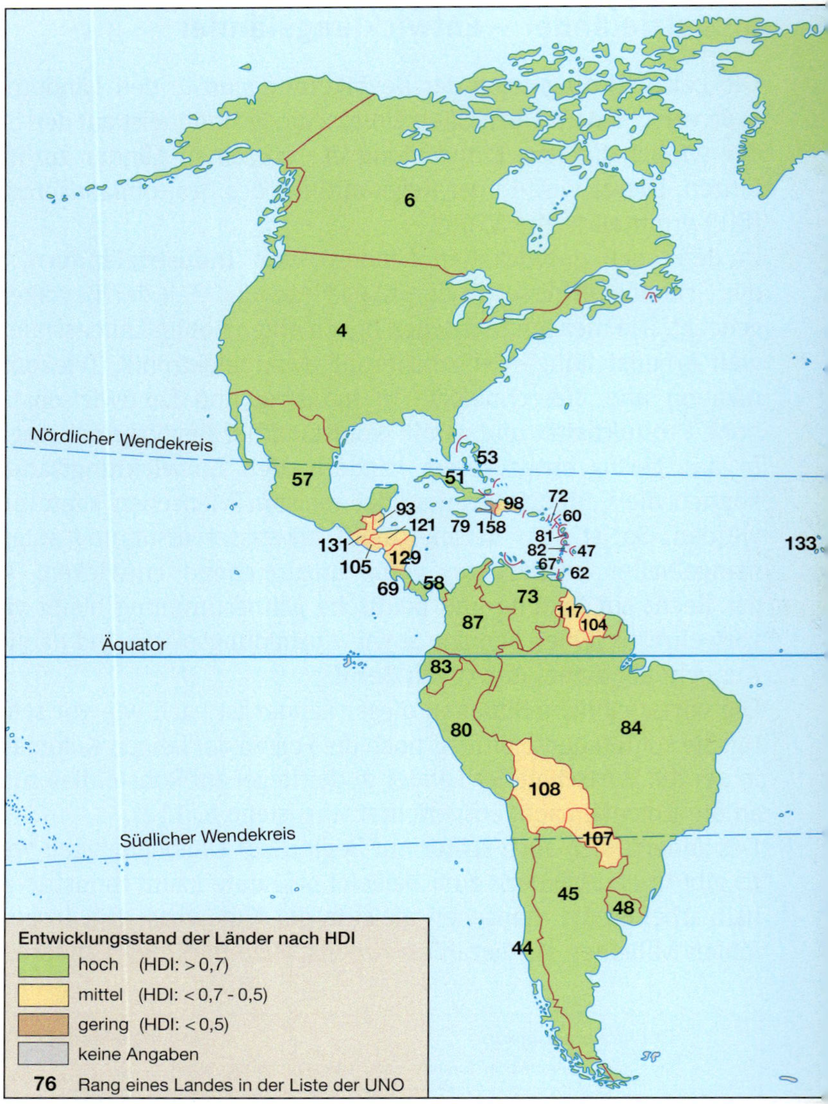

M1 Entwicklungsstand der Erde nach dem Human Development Index

INFO 2

Vereinte Nationen (UNO)

Die Vereinten Nationen wurden im Jahr 1945 gegründet. Ihr Hauptsitz ist in New York. Fast alle Staaten der Erde gehören ihnen als Mitglied an. Die wichtigsten Aufgaben sind die Sicherung des Friedens, die Förderung der Entwicklungszusammenarbeit und der Schutz der Menschenrechte.

AUFGABEN

1 Nenne aus jeder der drei in der Karte dargestellten Gruppen möglichst zwei Länder je Kontinent (Atlas).

2 Liste die in der Karte gekennzeichneten Staaten 1 – 10 auf. Benenne darüber hinaus zehn Staaten, die einen Rangplatz über 150 einnehmen (Atlas).

3 Erörtere die Verteilung der Rangplätze auf der Erde.

WWW

Im Diercke WebGis findest du immer die neuesten Karten und Daten zu diesem Thema: (siehe S. 102/103) http://diercke.webgis-server.de/ → Erde → Entwicklungsstand

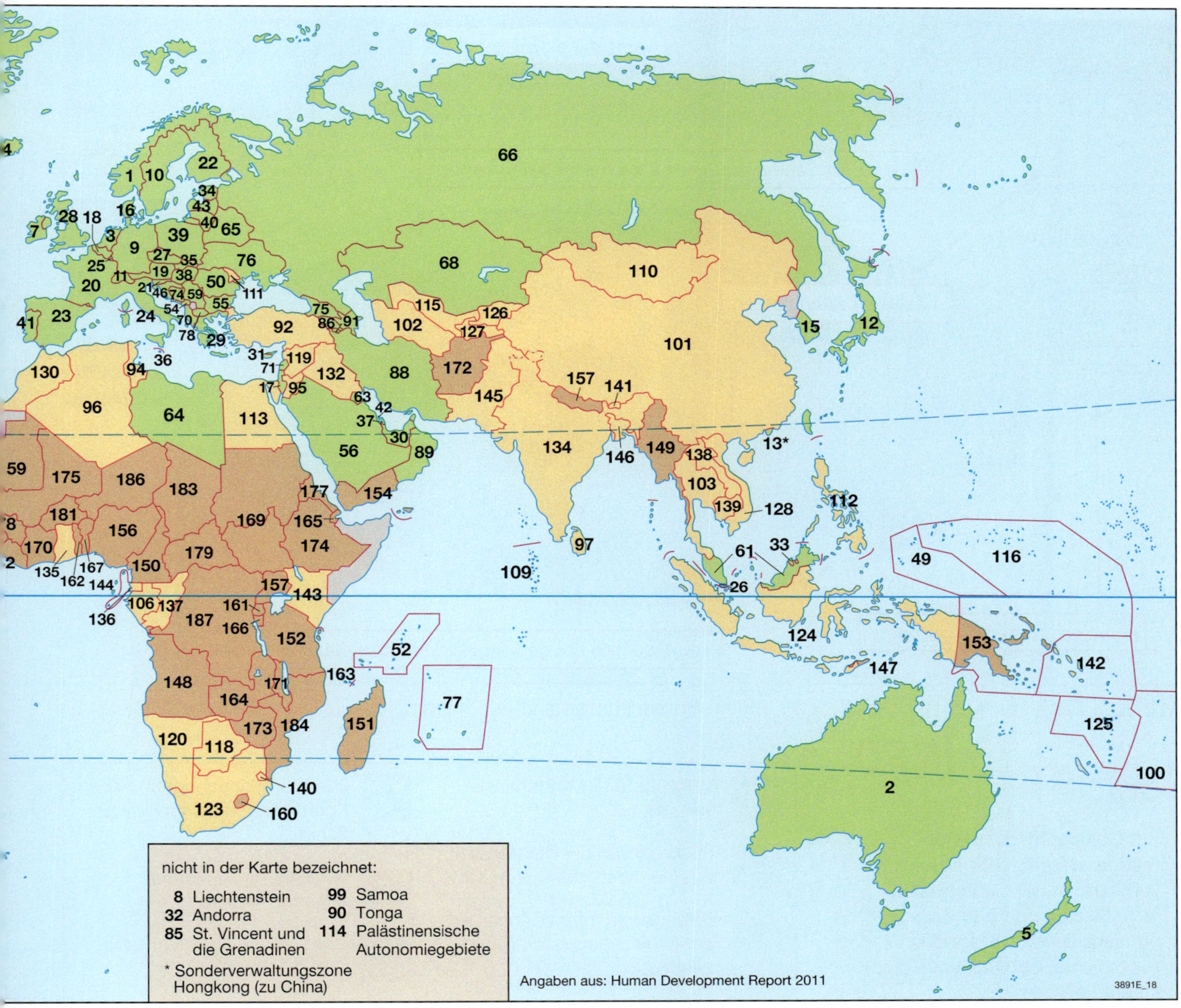

Einteilungen nach dem Entwicklungsstand

Bevölkerungswachstum, Lebenserwartung, Alphabetisierung, Bruttoinlandsprodukt – es gibt zahlreiche Merkmale, an denen man den Entwicklungsstand eines Landes erkennen kann.

Da ein Merkmal allein jedoch nur wenig aussagt, ist die UNO dazu übergegangen, jährlich den **Human Development Index (HDI)** zu berechnen.

In die Berechnung des HDI fließen das Pro-Kopf-Einkommen, die Lebenserwartung und der Bildungsstand ein (Anzahl der Schuljahre, die ein 25-Jähriger absolviert hat und die voraussichtliche Dauer der Ausbildung eines Kindes im Einschulungsalter). Daraus ergibt sich ein Wert, mit dem man die Länder der Erde nach dem „Grad der menschlichen Entwicklung“, das heißt nach der Befriedigung der Grundbedürfnisse, ordnen kann.

Nach dieser Einteilung lag Deutschland 2011 auf Platz 9 und Indien auf Platz 134. Maßgebend für die Vergabe von Entwicklungshilfe bleibt jedoch weiterhin, ob ein Land bei der UNO als **Least Developed Country (LDC)**, das heißt als besonders unterentwickeltes Land, anerkannt ist.

Für diese Einteilung spielt vor allem die Wirtschaftskraft eine entscheidende Rolle.

Ein WebGis nutzen

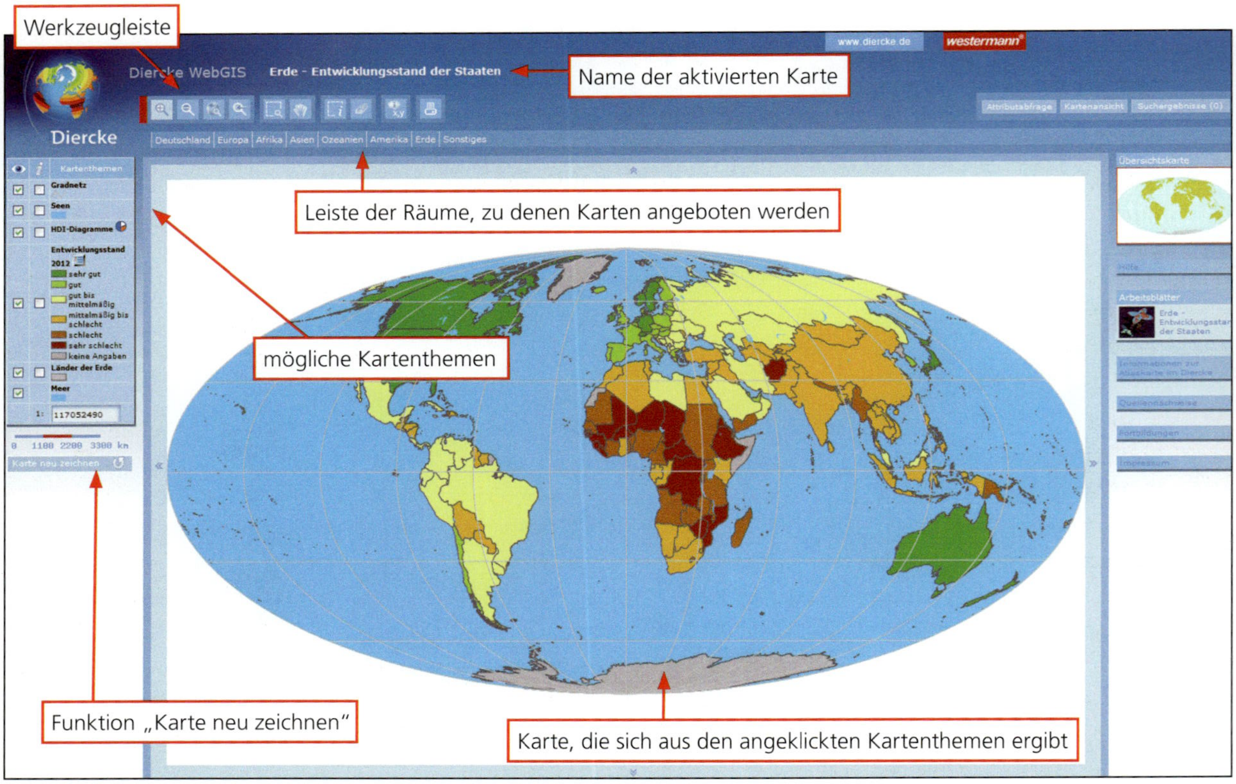

M1 Eine Karte aus dem Diercke WebGIS: Erde – Entwicklungsstand der Staaten

INFO

GIS

Ein **Geographisches Informationssystem (GIS)** ist eine Software, in der Gebietsdaten (z. B. Staaten und ihre Grenzen) mit Sachdaten (z. B. Bevölkerungsdichte, Entwicklungsstand) kombiniert werden.
Dabei kann man das Ergebnis in unterschiedlichen Formen abrufen, zum Beispiel als Karte, als Diagramm oder als Tabelle.
Ein hilfreiches WebGIS ist das **Diercke WebGIS.** Es liefert Daten zu allen Staaten der Erde. Die Datenbank wird immer auf dem aktuellen Stand gehalten. Grundsätzlich bietet Diercke WebGIS drei Funktionen:

- die Darstellung von Informationen in Karten,
- die Erstellung von Karten nach eigenen Vorgaben,
- den Abruf von Informationen in Form von Tabellen und Diagrammen.

Vergrößern des Kartenausschnitts	Ermittlung der geographischen Koordinaten am angeklickten Punkt
Rückkehr von der Detailansicht zu einer übersichtlicheren Karte	Berechnung von Entfernungen/Flächen
Abfrage von Informationen aus der dahinterliegenden Datenbank	Drucken der aktuellen Karte (DIN A4, bunt)

M2 Werkzeugleiste

Entwicklungsstand der Staaten – mit Diercke WebGIS arbeiten

Abruf einer Karte

1. Klicke auf den gewünschten Kartendienst, z. B. Entwicklungsstand der Staaten im Kapitel „Erde“.
2. Wähle links unter Kartenthemen in der Spalte mit dem Symbol (Auge) nur das Thema aus, das dich interessiert.
   Dazu klickst du zum Beispiel vor *Gradnetz, Entwicklungsstand* oder *Länder der Erde* das Häkchen weg.
3. Klicke nun unten auf Karte neu zeichnen und du erhältst die Karte mit den ausgewählten Themen.

Veränderung einer Karte: sechs Welten – drei Welten

Die Karten im Diercke WebGIS haben alle eine Grundeinstellung: Diese legt fest, welche Farben benutzt werden, wie viele Farbstufen es gibt und welche Farbe welchen Wert darstellen soll (z. B. HDI in 6 Stufen, dunkelgrün = sehr gut).
Man kann aber auch andere Einteilungen wählen: Willst du zum Beispiel einmal sehen, wie ein HDI mit drei Klassen aussieht, dann kannst du die Grundeinstellung verändern:

1. Klicke auf das Symbol Klassifikation erstellen, zum Beispiel neben dem Kartenthema „Entwicklungsstand 2012“ (siehe M3).
   Es öffnet sich ein neues Fenster mit dem Namen „Klassifikation“.
2. Klicke nun auf Neu klassifizieren.
3. Wähle im nächsten Fenster unter „Automatische Klassifikation“ das gewünschte Datenbankfeld (z. B. HDI-Wert 2012) und das Farbschema (z. B. Gelb-Rot-Grün). Klicke dann auf Klassifizieren.
4. Setze im nächsten Fenster die Gewünschte Klassenanzahl ein (z. B. 3).
5. Klicke auf weiter und es öffnet sich ein Fenster. Hier kannst du die Beschriftung sowie die Werte ersehen und verändern. (Eine mögliche Einteilung zum HDI-Wert findest du in M1 S. 100.) Bitte verwende dabei statt eines Kommas zur Dezimaltrennung einen Punkt.
6. Klicke jetzt auf Klassifikation ausführen und du erhältst deine Karte mit den gewünschten Abstufungen und Farben.

Informationen abrufen

Man kann aber auch zu jedem Kartenthema Informationen aus der Datenbank abrufen und diese in Tabellenform darstellen lassen.

1. Klicke das Icon in der oberen Werkzeugleiste an. Dadurch wird das Werkzeug aktiviert.
2. Aktiviere nun bei den Kartenthemen links in der Spalte das Thema oder mehrere Kartenthemen, die dich interessieren. Setze dort ein Häkchen (z. B. bei Entwicklungsstand).
3. In der Karte befindet sich nun ein Fadenkreuz.
   Klicke mit diesem das Land an, zu dem du die Information wünschst (z. B. Australien), oder eine Region, in der du mit gedrückter Maustaste einen Rahmen über mehrere Länder hinweg aufziehst.
4. Klicke nun auf Suchergebnisse. Es öffnet sich eine Tabelle, in der du alle Werte zum Entwicklungsstand ablesen kannst, die die Datenbank enthält.

AUFGABEN

1 **Erstelle folgende Karten:**
a) Politische Übersicht Amerikas.
b) Bevölkerung in China.
c) Altersstruktur Deutschlands 2020.

2 **Erstelle eine Karte zu Deutschland, die nur Aussagen**
a) zu den jungen Leuten bis 20 Jahre macht;
b) zu den über 60-Jährigen macht.

3 **Erfrage aus der Karte „Deutschland Altersstruktur 2020“ die vorhandenen Daten zu den unter 20-Jährigen in Berlin und in deinem Heimatkreis.**

4 **Erstelle eine Karte zur weltweiten Lebenserwartung (Jahre):**
a) mit 5 Einteilungen;
b) mit 3 Einteilungen;
c) mit 2 Einteilungen.
d) Entscheide, welche Karte dir am aussagekräftigsten erscheint. Begründe.

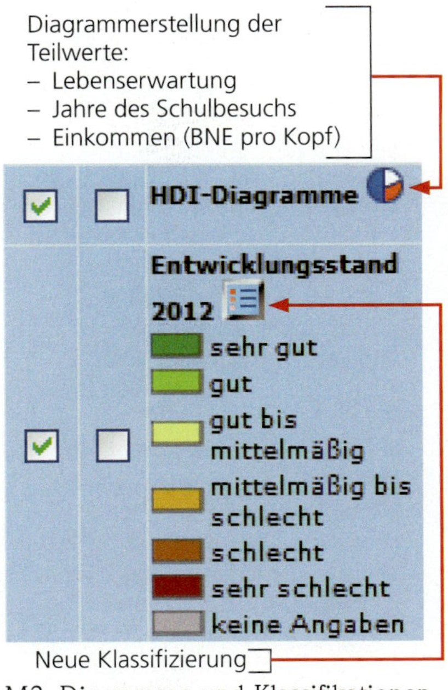

M3 Diagramme und Klassifikationen neu erstellen

Eine Karikatur auswerten

AUFGABEN

1 Gib den Karikaturen M1 und M3 jeweils einen Titel.

2 Werte eine der Karikaturen (M1 oder M3) nach den vier Schritten aus.

3 Wähle aus einer Tageszeitung oder Zeitschrift eine Karikatur aus, die dir besonders gut gefällt. Erläutere sie in einem kurzen Vortrag.

Karikaturen begegnen dir in Zeitungen, Zeitschriften, Filmen, Büchern und im Internet. Um eine Karikatur auszuwerten, kannst du nach den unten genannte Schritten vorgehen.

So wertest du eine Karikatur aus:

1. Schritt: Orientierung
- Betrachte die Karikatur gründlich.
- Verschaffe dir einen Überblick und ordne die Karikatur einem Thema zu.
- Achte nun auf alle Details und überlege, welche Zusammenhänge dargestellt oder gemeint sind.

2. Schritt: Beschreibung
- Betrachte den dargestellten Sachverhalt, achte auf Personen, Gegenstände und Handlungen sowie auf Gestaltungsmittel (Zeichnung, Text, Bildunterschrift).

3. Schritt: Erklärung
- Erkläre, wen oder was die Personen, Gegenstände oder Handlungen darstellen bzw. symbolisieren sollen.

4. Schritt: Wertung
- Lege dar, welche Personen, Handlungen oder Zustände aufgegriffen werden und was der Karikaturist aussagen und bewirken will.
- Prüfe, ob die kritische Sicht berechtigt und aktuell ist oder ob sie Fehler (z. B. unzulässige Verallgemeinerungen) enthält.
- Stelle dar, wie die Karikatur auf dich wirkt und welche Gedanken sie bei dir hervorruft.

INFO

Karikatur

Die Karikatur ist eine Form der künstlerischen Darstellung, in der ein Merkmal eines Sachverhaltes besonders herausgestellt wird. Ziel ist es, in spöttischer oder komischer Absicht Ereignisse, Personen, politische und gesellschaftliche Zustände der Kritik auszusetzen. Als Stilmittel setzt der Karikaturist die bewusste Übertreibung ein. Er spitzt zu und verzerrt charakteristische Züge eines Ereignisses oder einer Person.
Beim Betrachten muss man die Übertreibung erkennen und die Darstellung in die Wirklichkeit übertragen. Der Kontrast zur Realität und die dargestellten Widersprüche sollen zum Nachdenken anregen. Dabei hilft die Karikatur, sich ein Urteil und eine eigene kritische Meinung zu bilden.

M1 Karikatur

Karikatur

Die Karikatur besteht aus einem farbigen Bild mit Textelementen. Im Zentrum sitzt ein dicker Mann auf einem Liegestuhl, der sich sonnt. Er hat alles: genug zu essen und zu trinken, eine dicke Zigarre und einen Fernseher. Er befindet sich auf einer aufblasbaren Insel unter einer künstlichen Palme. Gegenüber im Wasser steht eine riesige Menschenmenge. Die Menschen haben nichts und sind nur spärlich bekleidet. Manche Kinder haben Hungerbäuche. Die Menschen schauen traurig und hungrig zu dem reichen, dicken Mann hinüber oder starren ihn an. Er fühlt sich durch die armen Menschen gestört und ruft verärgert: „Ist was?“ Für ihn ist die Welt in Ordnung, es fehlt ihm an nichts. Fernseher, Zigarre und ein riesiger Schinken stehen für Wohlstand und Luxus. Er lebt nur in seiner Welt. Seine Lebensweise ist rücksichtslos und egoistisch. Er erkennt die Bedürfnisse der Armen nicht und er schmeißt seinen Abfall einfach auf den Boden. Auf den ersten Blick kann man ihn beneiden. Auf den zweiten Blick wirkt seine Welt langweilig und künstlich. Eine Welt, die schnell untergehen kann und die nicht lange Bestand haben wird. Wenn die Luft raus ist, versinkt die Insel. Ade, du schöne Welt! Ich denke, auch unsere reale Welt ist in Gefahr, wenn wir gegen die ungerechte Verteilung des Reichtums nichts unternehmen.

M2 Katharina hat eine Auswertung zur Karikatur oben geschrieben.

M3 Karikatur ▷

Voraussetzungen für Entwicklung: Beispiel Peru

M1 Verteilung der Bevölkerung in Peru

AUFGABEN

1 **Stelle in Tabellenform Informationen zum Naturraum Perus zusammen (M2, M3, M5, Atlas).**

2 **Beurteile den Naturraum Perus hinsichtlich seiner wirtschaftlichen Nutzungsmöglichkeiten (M1, M4).**

Gründe der Armut

Warum sind Entwicklungsländer arm? Was ist nötig, damit ein Land sich entwickeln und die Lebensbedingungen für die Menschen verbessern kann?

Diese Fragen werden unter Politikern und Wissenschaftlern intensiv diskutiert. Einige Voraussetzungen und Hemmnisse für die Entwicklung eines Landes sind unumstritten, wie zum Beispiel:

- der Naturraum und seine Nutzungsmöglichkeiten,
- die ungleiche Verteilung von Armut, Reichtum und politischer Macht,
- die Einbindung des Landes in die Weltwirtschaft.

Der Naturraum und seine Nutzungsmöglichkeiten

Heute gelten einige Staaten am Persischen Golf als Orte märchenhaften Reichtums. In Dubai zum Beispiel schießen die teuersten Hotels der Welt wie Pilze aus dem Boden, fahren die luxuriösesten Autos, werden künstliche Inseln im Umriss von Palmen zum Bau von „Wohnparadiesen“ im Meer aufgeschüttet. Das war nicht immer so. Auch diese Staaten waren Entwicklungsländer – bis man große Ölvorkommen entdeckte. Damit begann der wirtschaftliche Aufschwung.

Die natürlichen Voraussetzungen sind sehr wichtig für die Entwicklungsmöglichkeiten eines Landes.

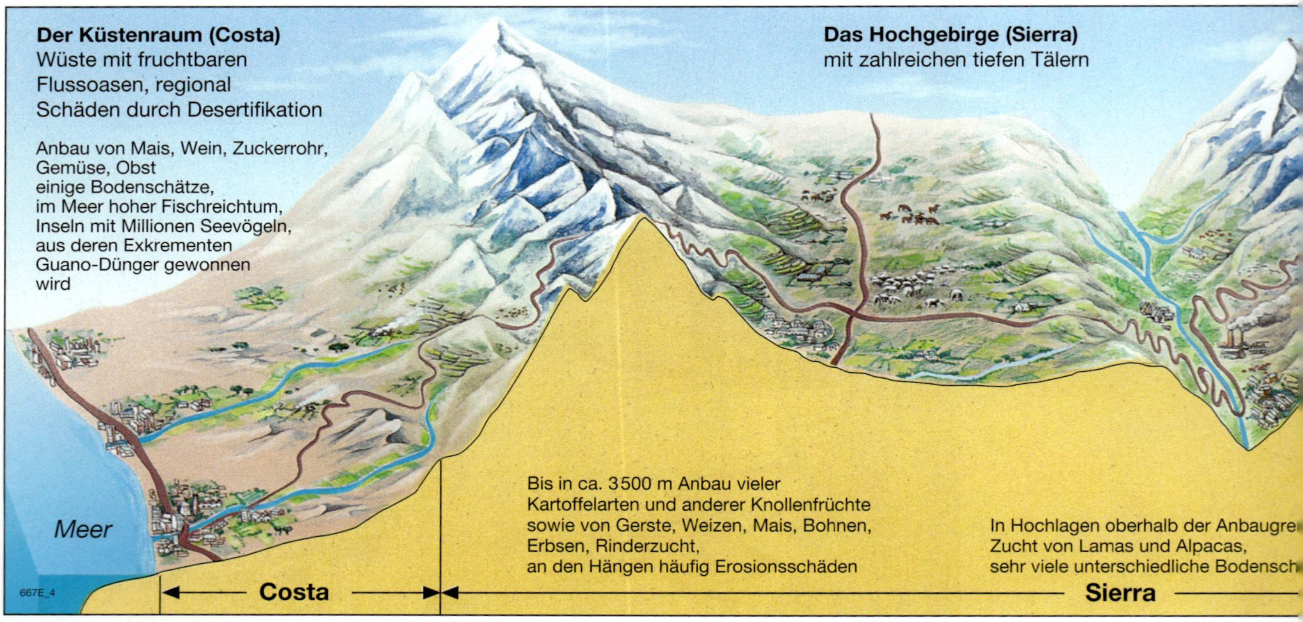

M2 Raumbeispiel Peru – der Naturraum

Der Andenstaat Peru ist faszinierend: Im tropischen Regenwald locken versunkene Inkastädte, in den Anden finden sich der höchste See und die höchste Eisenbahn der Welt. An der Küste verläuft die Panamericana, die „Traumstraße der Welt", an der sich in dicht besiedelten Oasen die Küstenstädte reihen.
Im Hochgebirge, an den steilen Berghängen und in den fruchtbaren Tälern lebt der größte Teil der Bevölkerung. Dies sind überwiegend Indios, die Spanisch und oft auch ihre eigene Sprache Quechua sprechen. Im Osten erstrecken sich an den Zuflüssen des Amazonas Regenwälder. Hier leben einige Indianerstämme, die Ureinwohner Amazoniens. Es kommen aber auch immer mehr Bewohner der Küste und des Hochlandes hierher: Siedler in der Hoffnung auf Land oder Arbeitskräfte, die in der Holzindustrie oder der Erdölförderung arbeiten.

M3 Aus einem Reisekatalog: Informationen zu Peru

Ort (Landschaft, Höhe)	Lima (Costa, 128 m)	Cuzco (Sierra 3416 m)	Iquitos (Selva, 108 m)
Jahresniederschlag (mm)	13	750	2845
Januartemperaturen (°C)	22	16	27
Julitemperaturen (°C)	15	15	26

M5 Klima in Peru

Wirtschaftliche Nutzung	Wichtige natürliche Voraussetzungen für eine Nutzung
Landwirtschaft	fruchtbarer Boden, ausreichend hohe Temperaturen, ausreichend lange Wachstumszeit, (ganzjährig) genügend Niederschlag, Bewässerungsmöglichkeiten, genügend flache beackerbare Fläche
Fischerei	fischreiche Gewässer
Bergbau/ Industrie	Bodenschätze, insbesondere wertvolle Bodenschätze wie Erdöl; Möglichkeiten für den Ausbau einer guten Infrastruktur, z. B. schiffbare Flüsse, kein zu gebirgiges Relief; Zugang zum Meer (kein Binnenland)
Tourismus	„tourismusfreundliche" Temperatur- und Niederschlagsverteilung, Seen und Küsten mit Stränden und angenehme Wassertemperaturen
geringe Gefahr durch Naturkatastrophen	wenige Erdbeben, Wirbelstürme, Überschwemmungen

M4 Natürliche Nutzungsvoraussetzungen

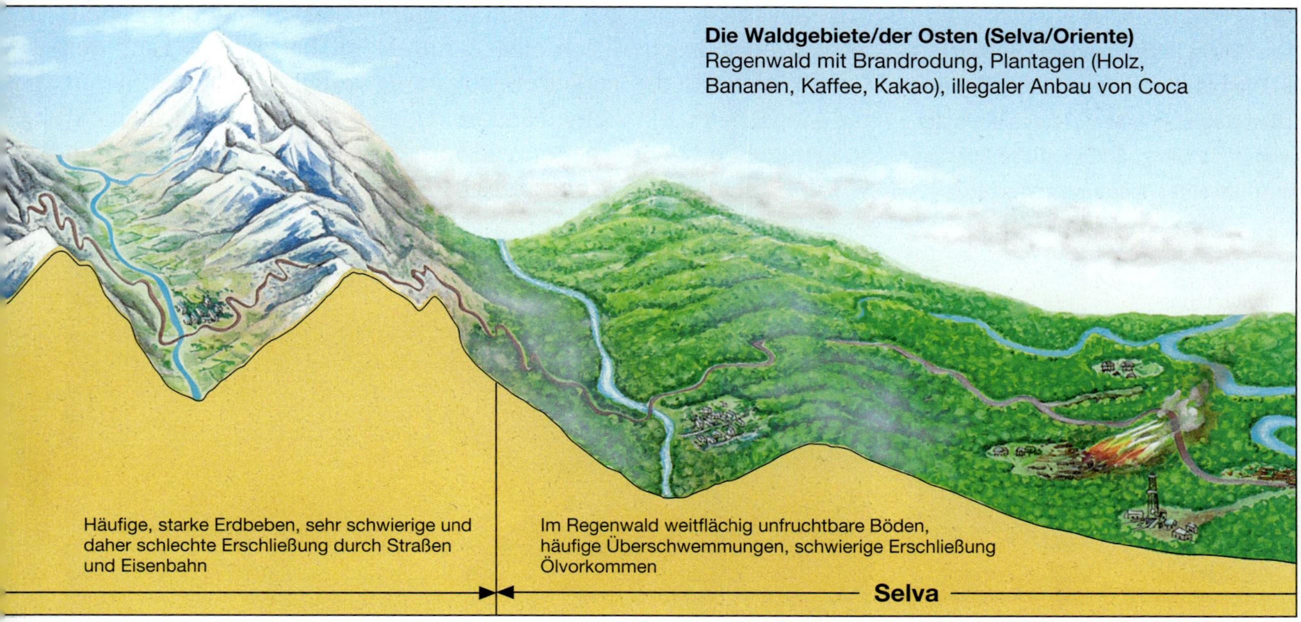

INFO

Landwirtschaftliche Genossenschaft

Eine landwirtschaftliche Genossenschaft ist ein Zusammenschluss mehrerer Bauern. Sie kaufen gemeinsam die Produktionsmittel ein (z. B. Dünger, Saatgut, Maschinen), leihen untereinander Maschinen aus, helfen sich gegenseitig bei der Feldarbeit und verkaufen ihre Produkte manchmal auch gemeinsam. Auch Kredite lassen sich unter dem Dach einer Genossenschaft leichter besorgen.
In Deutschland wurde 1847 die erste landwirtschaftliche Genossenschaft von Friedrich Wilhelm Raiffeisen gegründet.

Zu wenig Land für zu viele Menschen

„Herr Dominguez, Sie sind lange als landwirtschaftlicher Berater tätig gewesen. Wo liegt das Kernproblem in den ländlichen Gebieten?
„Es ist nicht nur ein Problem, es ist ein Netz von Problemen. Da ist zum einen die ungleiche Besitzverteilung: In Entwicklungsländern wird der größte Teil des Nutzlandes oft von großen Farmen oder Plantagen bewirtschaftet. Sie gehören internationalen Firmen oder Großgrundbesitzern, die mit modernen Anbaumethoden arbeiten und für den Export und den **Weltmarkt** produzieren. Die Millionen von Kleinbauern besitzen meist nur wenig Land, das sie mit einfachsten Mitteln wie Hacke oder Grabstock bearbeiten. Da die Ernteerträge oft sehr gering sind, leben viele Bauern in großer Armut."
„Können die Leute nicht mehr Land bekommen?"
„Die Bevölkerung wächst und die Nutzfläche ist nicht mehr erweiterbar. So wird der **Bevölkerungsdruck** immer größer. Jedes verfügbare Fleckchen wird genutzt, selbst in ungünstigen Lagen. Arbeitsplätze in der Industrie fehlen außerdem komplett, da sich die Betriebe aufgrund der schlechten Standortfaktoren nicht auf dem Land ansiedeln."
„Aber viele Menschen wandern doch ab?"
„Ja, vor allem junge Menschen, die lesen und schreiben können, werden geradezu gezwungen ihre Heimat in Richtung der großen Städte zu verlassen, wenn sie die Chance auf einen Beruf nutzen wollen. Die negativen Faktoren, die zur **Landflucht** führen, nennen wir **Pushfaktoren** (abstoßende Faktoren). Durch die Abwanderung der gebildeten Jugend werden die Unterschiede zwischen Stadt und Land immer größer."
„Führt das nicht zu Unzufriedenheit in der Bevölkerung?"
„In einigen Ländern gab es sogar Aufstände und Revolutionen. Viele Menschen wünschen sich eine **Landreform**, bei der das Land der Großbetriebe an die landlose Bevölkerung verteilt wird. Zwar hätten die Menschen dann kleine Ländereien, aber diese könnten sie nicht so ertragreich bewirtschaften wie vorher große Firmen. Daher raten wir den Kleinbauern, Genossenschaften zu gründen."

AUFGABEN

1 **Erkläre die Problematik des Bevölkerungsdrucks in den Entwicklungsländern.**

2 **Erläutere die Möglichkeit einer Landreform (M1).**

3 **a) Erläutere jeden Grund für die Landflucht in M6 durch ein Beispiel.**
b) Die Landflucht setzt in den ländlichen Gebieten einen „Teufelskreis der Armut" in Gang. Erkläre diese Aussage mithilfe eines Wirkungsgeflechts.

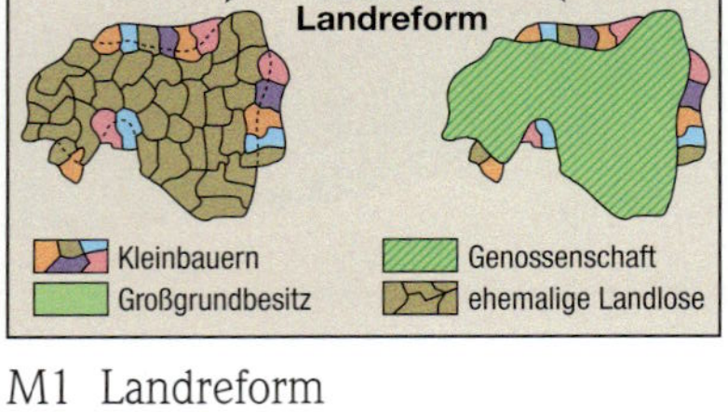

M1 Landreform

M2 In einem modernen Großbetrieb

M3 Kleinbauern in der Sierra, hier beim Pflanzen von Gemüse

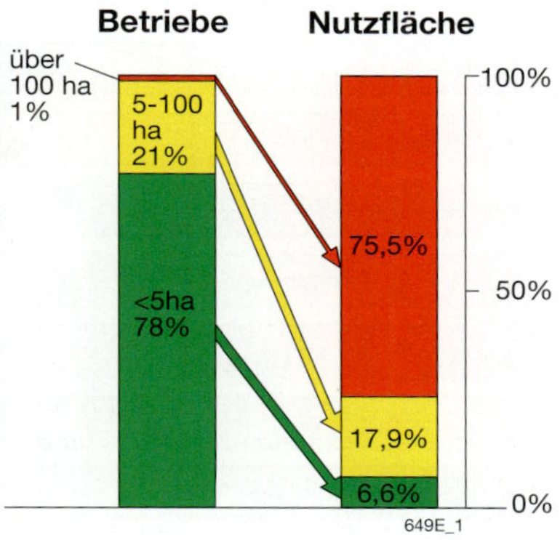

Lesebeispiel: 1% der Betriebe hat eine Betriebsgröße von über 100 ha. Diese Betriebe haben einen Anteil von 75% an der landwirtschaftlichen Nutzfläche des ganzen Landes.

M5 Besitzverteilung in der Landwirtschaft

Familie Lucero lebt in dem kleinen Dorf Cconchalla in der Nähe der Andenstadt Cuzco. Die Eltern und ihre drei Kinder (10, 6, 2 Jahre) besitzen vier Schafe und zwei Lamas sowie drei Hektar karges, erosionsgefährdetes Land an den Berghängen. Hier pflanzen sie Mais, Weizen, Kartoffeln und etwas Gemüse an.
Frau Lucero hofft, dass sie zunächst einmal ihre Kinder satt bekommt. Nur selten bleibt etwas übrig, was sie auf dem Markt verkaufen oder eintauschen kann: manchmal einige Maiskolben, manchmal etwas Gemüse. Immer wieder kommt es zu Ernteausfällen, entweder weil ein Starkregen das Feld ins Rutschen gebracht hat oder wegen eines Dürrejahres.
Frau Lucero hat seit einem Jahr eine Stelle in einem Hotel im zweieinhalb Gehstunden entfernten Cuzco. Dort arbeitet sie dreimal in der Woche in der Küche und im Haus. Seitdem können die beiden älteren Kinder nicht täglich zur Schule gehen, weil sie auf dem Hof helfen und die Zweijährige beaufsichtigen müssen.
Das Ehepaar hofft, dass es der Familie gelingt, aus diesem **Teufelskreis der Armut** noch einmal auszubrechen und nicht weiter zu verarmen, wie viele der benachbarten Familien. Dazu müsste die zehnjährige Maria allerdings spätestens mit 14 Jahren eine Stelle als Hausmädchen in Cuzco oder besser noch in der Hauptstadt Lima bekommen. Mit dem Geld, was sie nach Hause schicken würde, könnten die beiden anderen Kinder vielleicht eine bessere Ausbildung erhalten.

M4 Im peruanischen Andenhochland: Familie Lucero

AUFGABEN

4 **Beschreibe die Besitzverteilung in der Landwirtschaft anhand von M5.**

5 **Erörtere, inwieweit die Grundbedürfnisse der Familie Lucero erfüllt sind (M4).**

Push-Faktoren

- Bevölkerungsdruck
- mangelnde Infrastruktur
- einseitiges Arbeitsplatzangebot
- unzureichende Bildungschancen
- schlechte medizin. Versorgung
- Umweltprobleme
- Naturkatastrophen

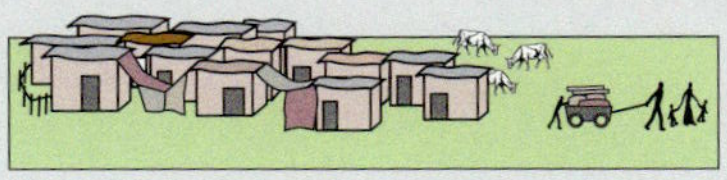

M6 Gründe zur Landflucht

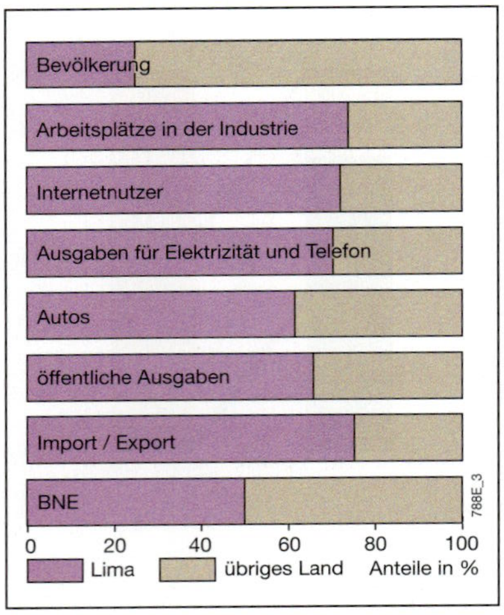

M1 Limas Bedeutung innerhalb Perus

Die Städte – Magnete für die Wirtschaft und die Bevölkerung

Das wirtschaftliche, politische und kulturelle Leben spielt sich in den Entwicklungsländern in den Städten ab. Hier befinden sich die Verwaltungen und Regierungsbehörden, von hier kommen die Rundfunk- und Fernsehsendungen und hier konzentrieren sich auch die weitaus meisten Industriebetriebe. Nur dort gibt es gute **Standortfaktoren:** zum Beispiel eine gute Verkehrsanbindung, ausreichende Energieversorgung, ausgebildete Fachkräfte und genügend Arbeitskräfte, die lesen und schreiben können.

Diese Faktoren bewirken, dass immer mehr Menschen aus den ländlichen Gebieten in die Städte zuwandern. Man nennt sie **Pullfaktoren** (anziehende Kräfte).

Schließlich sind die Städte auch der größte und kaufkräftigste Absatzmarkt für Industriebetriebe innerhalb der Entwicklungsländer. Daher konzentrieren sich auch die Niederlassungen internationaler Unternehmen in den großen Städten.

In zahlreichen Ländern kommt es sogar zur Dominanz einer einzigen Stadt. Diese **Primatstadt** überragt in ihrer Bevölkerungszahl sowie ihrer politischen und wirtschaftlichen Macht alle anderen Städte des Entwicklungslandes.

M2 Slum in Lima

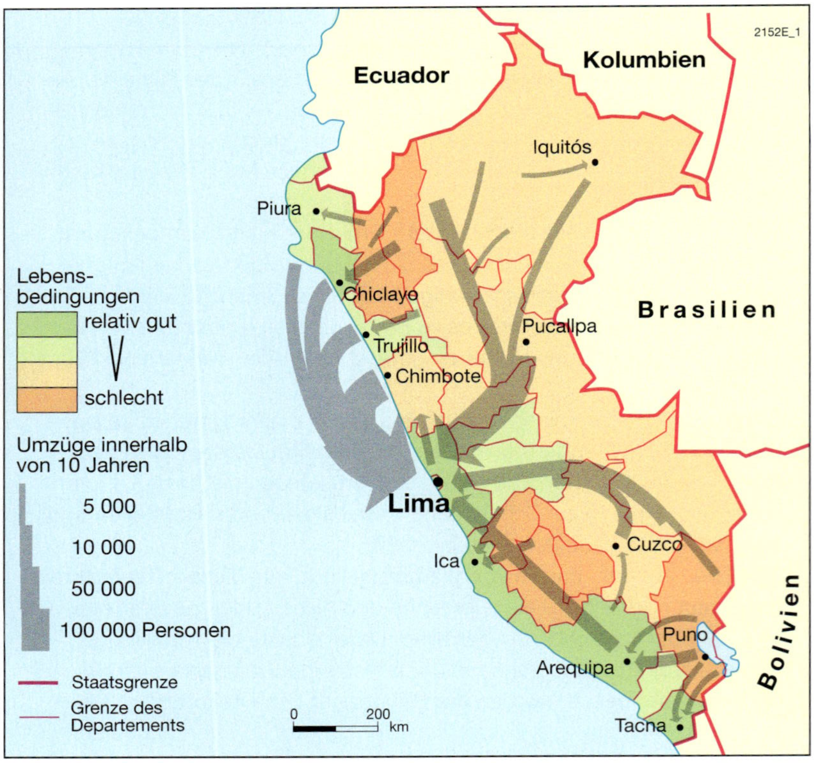

M3 Die wichtigsten Wanderungsströme innerhalb Perus im Zusammenhang mit den Lebensbedingungen

Bestechung und Misswirtschaft

In den meisten Entwicklungsländern bestimmt eine kleine, reiche, gebildete Oberschicht die Leitlinien der Entwicklung. Leider geschieht dies nicht immer zum Wohl der breiten Bevölkerung. Nicht selten kommt es zu Misswirtschaft und Bestechung. Daran sind häufig internationale Firmen beteiligt. Sie versuchen zum Beispiel über **Korruption**, Aufträge zu bekommen oder das Recht zur Ausbeutung von Bodenschätzen zu erhalten. Vor allem, wenn Regierungen über viele Jahre im Amt sind, kommt es vor, dass einzelne Politiker sich und ihre Familien bereichern und so kein Geld für den Bau von Straßen, Schulen und Fabriken vorhanden ist. Diese sogenannte **Bad Governance** ist ein erhebliches Hemmnis für die Entwicklung.

Oberschicht und Unterschicht

In vielen Großstädten der Entwicklungsländer lässt sich durchaus ein angenehmes Leben führen: Es gibt Fußgängerzonen, Kaufhäuser, Parks, klimatisierte Wohnungen mit Swimmingpools und fast jedem erdenklichen Luxus. Doch das alles ist nur der kleinen, reichen Oberschicht vorbehalten. Die breite Masse der Bevölkerung kann dies nicht nutzen. Oft hausen Hunderttausende oder gar Millionen von Migranten in Slums (Elendssiedlungen) am Rand der Städte – ohne sauberes Trinkwasser, ohne genügend Nahrungsmittel und ohne Bildungsmöglichkeiten für die Kinder. Die meisten arbeiten im **informellen Sektor**. Nur wenige haben die Chance, einer geregelten Arbeit nachzugehen. Trotz dieser sehr schlechten Lebensbedingungen wandern wenige auf das Land zurück. In der Stadt haben sie immer noch Hoffnung darauf, eine feste Arbeit zu finden.

M4 Miraflores („wunderbare Blumen") heißt eines der Stadtviertel in Lima für die wohlhabende Bevölkerung. Hier wohnen Regierungsbeamte und leitende Mitarbeiter nationaler und internationaler Firmen.

AUFGABEN

1 **Vom Land in die Stadt. Erkläre an einzelnen Beispielen, warum die Städte für die Menschen so attraktiv sind (M5).**

2 **„Die Entwicklungsunterschiede weltweit spiegeln sich in den Städten der Entwicklungsländer wider." Erkläre.**

3 **a) Erläutere die Bedeutung Limas (M1).**
b) Begründe vor diesem Hintergrund die Bevölkerungsentwicklung Limas:
1975: 3,7 Mio.,
1990: 6,4 Mio.,
2015: 10,5 Mio.

4 **Ein Industriebetrieb, der Kleidung produzieren und exportieren möchte, hat die Wahl zwischen Lima und Cuzco. Vergleiche die Standortbedingungen und triff eine Entscheidung.**

M5 Gründe zur Zuwanderung

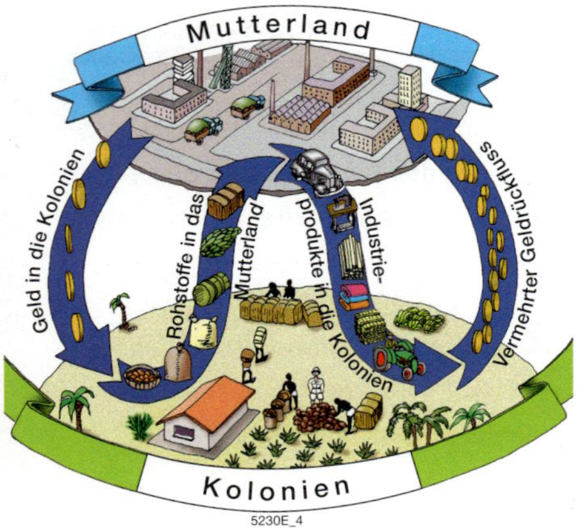

M1 Auch Deutschland besaß einige Kolonien. Die Darstellung zeigt, wie die Waren- und Geldströme zwischen den Kolonialmächten und den Kolonien verliefen.

AUFGABEN

1 **Erkläre die Probleme der Terms of Trade anhand von M4.**

2 **Viele sehen in der Kolonialzeit eine Wurzel allen Übels der Entwicklungsländer. Begründe.**

3 **Recherchiere zu einem der Themen (Geschichtsbuch und/oderInternet): „Kolonialpolitik und ihre Folgen für die heute unabhängigen Länder“, „Kolonialmacht Deutschland“, „Dreieckshandel“. Bereite ein Kurzreferat vor.**

Folgen der Kolonialzeit

Die weitaus meisten Entwicklungsländer waren bis ins 20. Jahrhundert hinein Kolonien europäischer Staaten. Während der Kolonialzeit wurde ihre Entwicklung von Europa aus bestimmt. In einigen Fällen hatte das positive Auswirkungen. So wurde zum Beispiel die Infrastruktur aufgebaut.

Meistens sahen die Kolonialmächte ihre Kolonien jedoch nur als günstige Rohstofflieferanten: Die Briten richteten zum Beispiel in Asien Plantagen ein, auf denen Tee, Kaffee oder Baumwolle für Europa angebaut wurde. Spanier und Portugiesen errichteten zahllose Bergwerke in Lateinamerika, um die reichen Bodenschätze, vor allem Gold und Silber, auszubeuten. Arbeitskräfte holte man sich aus Afrika, von wo aus Millionen Afrikaner als Sklaven nach Amerika verschleppt wurden. Aus den Rohstoffen der Kolonien wurden in den Mutterländern Fertigwaren hergestellt, die zum Teil wieder an die Kolonien verkauft wurden. Damit dieser Handel Bestand hatte, behinderten oder verboten die Kolonialmächte den Aufbau von Industrien in den Kolonien.

So blieben den Kolonien nach der Unabhängigkeit eine Wirtschaft und eine Infrastruktur, die vor allem auf den Export von Rohstoffen und den Import von Fertigwaren ausgerichtet waren.

Bis heute versuchen viele Industrieländer, sich vor dem Import von Fertigwaren aus den Entwicklungsländern zu schützen. Fertigwaren werden mit höheren Zöllen belegt als Rohstoffe. So muss an der EU-Grenze für Rohkakao 0,5 Prozent vom Warenwert an Zoll bezahlt werden, für Schokolade aber 30,6 Prozent.

Zu wenig Geld für wertvolle Rohstoffe

Peru verfügt nur über wenige eigene Industrien. Das Land liefert vorwiegend Rohstoffe für den Weltmarkt, zum Beispiel Zink und Kupfer. Fast alle Industriewaren müssen aus den Industrieländern importiert werden. Die **Terms of Trade** (Tauschverhältnis von Ein- und Ausfuhr) sind für Peru sehr ungünstig. Die Preise für Rohstoffe sind in den letzten Jahrzehnten gesunken. Dagegen stiegen die Preise für Industriewaren wie Maschinen, Autos und Elektrogeräte stetig an. Peru erhält also für seine Ausfuhrgüter immer weniger Geld und muss für seine Einfuhrgüter immer mehr zahlen. Um seine Entwicklung voranzutreiben, braucht Peru aber Industriegüter. So musste Peru bei den Industrieländern Schulden machen. Dadurch hat die **Auslandsverschuldung** über Jahre immer weiter zugenommen. Nicht nur Peru, auch andere Entwicklungsländer, die auf diese Weise Schulden gemacht haben, halten dies für ungerecht. Sie sagen: „Die Industrieländer leben auf unsere Kosten.“

Mittlerweile sind jedoch die Preise für Zink- und Kupfererze aufgrund großer Nachfrage stark angestiegen.

M2 Schichtwechsel vor einer Mine in den Anden

M5 Peru: Die Last der Schulden drückt.

Peru – Wirtschaftsaufschwung geht weiter

Trotz der globalen Wirtschafts- und Finanzkrise konnte Peru 2009 ein positives Wirtschaftswachstum verzeichnen. Bau- und Finanzsektor gehörten zu den Wachstumsmotoren. Nach Informationen des Ministeriums für Bergbau und Energie stiegen die Investitionen der großen Bergbaukonzerne um etwa 62 Prozent.

Trotz der seit sieben Jahren andauernden Wachstumsphase und des Bergbaubooms ist es der Regierung nicht gelungen, die Armut spürbar zu reduzieren. Anlass zur Kritik bieten vor allem die niedrigen Förderabgaben und die ungenügende Beteiligung der Bergbauregionen an den Gewinnen. Dadurch sind die Armutsraten gerade in den Regionen extrem hoch, die den Exporterfolg Perus generieren.

(Nach: Fischer Weltalmanach 2011)

M3 Armut trotz Wirtschaftswachstum

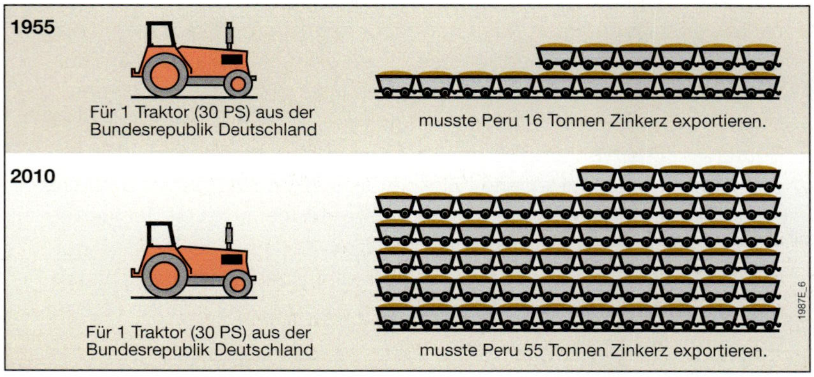

M4 Veränderung der Rohstoff- und der Fertigwarenpreise

AUFGABEN

4 **Die Kolonialherren gründeten zahlreiche (Hafen-)Städte an der Küste und bauten von dort Straßen und Eisenbahnlinien ins Landesinnere. Nenne mögliche Gründe.**

5 **Peru verfügt über viele verschiedene bergbauliche Rohstoffe. Erstelle eine Karte, in der du die wichtigsten Lagerstätten vermerkst.**

Lima – Stadt mit zwei Gesichtern

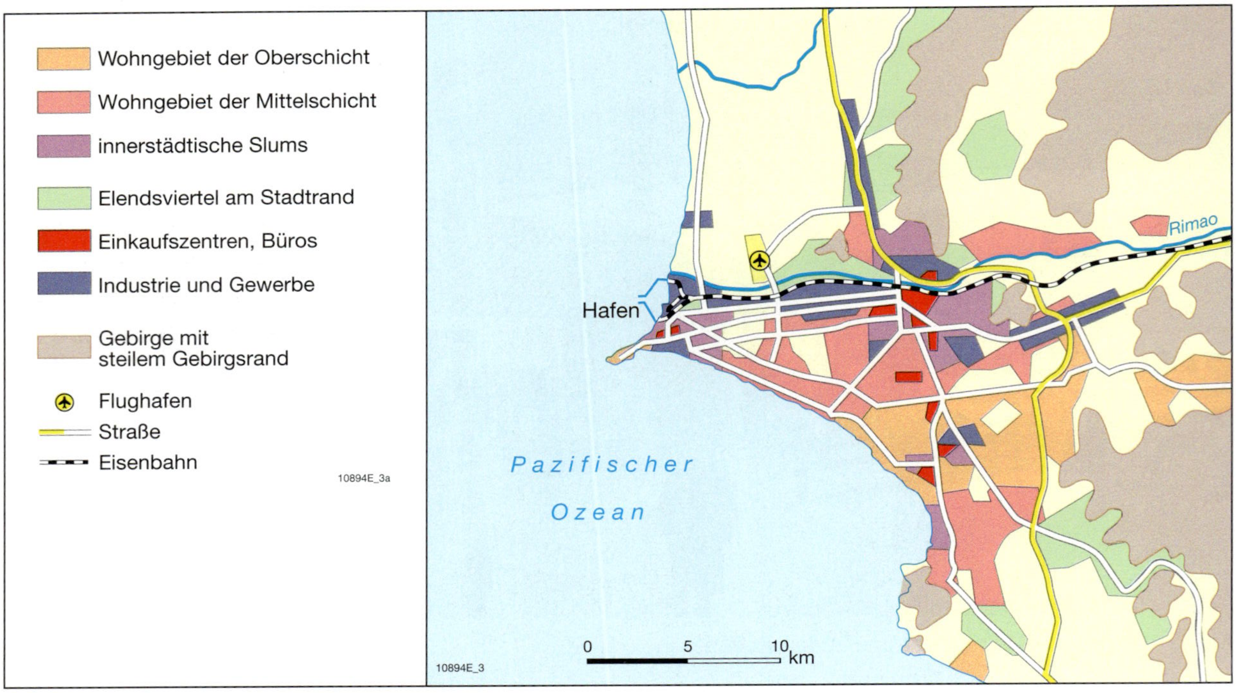

M1 Funktionale Stadtgliederung von Lima

INFO

Gated Community

Gated Communities sind geschlossene Wohnanlagen, die durch zahlreiche Vorkehrungen (Mauern, Zäune, Kameras, Sicherheitsdienste) vor Fremden gesichert sind. Hier leben in den Entwicklungsländern Menschen der Mittel- und Oberschicht.

M2 Gated Community

„In Lima gibt es ständig Verbrechen wie Überfälle, Entführungen oder Diebstähle. Ich habe vor kurzem gehört, dass jährlich fast jeder fünfte Stadtbewohner ausgeraubt oder bedroht wird.
Aus purer Angst bewegen sich die reichen Leute nicht mehr frei auf den Straßen. Hier in diese Blocks kommt niemand rein, der nicht herein soll. Wenn nötig, schießen wir! Fremde werden nur eingelassen, wenn die Bewohner, meist reiche Peruaner oder Ausländer, dies ausdrücklich wünschen. Die Mauer umschließt den gesamten Komplex und ist mit Stacheldraht gesichert. Einzelne Teile werden auch mit Kameras rund um die Uhr überwacht.
Innerhalb des Viertels ist es gemütlich und schön. Die Menschen können spazieren gehen, sich mit ihren Nachbarn zum Grillen treffen und die Kinder ungestört spielen. Doch nicht nur das! Sie haben eigene Fahrer, Köchinnen, Putzfrauen und Kindermädchen. Es gibt hier in der Gegend Restaurants, in denen das Essen ein Vielfaches von dem kostet, was die Leute in anderen Stadtteilen in einem Monat verdienen.
Meine Frau arbeitet als Hausangestellte bei der wohlhabenden Familie Rodriguez. Die Wohnung ist sehr geräumig, es fehlt an nichts. Die beiden Töchter haben ihr eigenes Zimmer und sogar ihr eigenes Bad! Die Familie kauft nur in bewachten Einkaufszentren ein und die Töchter besuchen teure Schulen. Ich selbst könnte mir das niemals leisten!
Meine Familie und ich wohnen in einem einfachen Haus, das ich ständig reparieren muss. Aber trotzdem sind wir froh, wenigstens eine Arbeit gefunden zu haben."

M3 Bericht eines Wachmanns in einer Gated Community

M4 Arm und Reich auf engstem Raum

AUFGABEN

1 Beschreibe die Gliederung Limas (M1).

2 Interpretiere die Abbildung M4: Erstelle dazu eine Skizze. Beschreibe und erläutere das Dargestellte unter der Verwendung von Fachbegriffen.

3 Beschreibe die stadtplanerischen Maßnahmen zur Verbesserung des Lebens in Slums.

Das Leben in den Elendsvierteln von Lima

Große Teile der Stadt Lima bestehen aus Slums, die sich sowohl in Zentrumsnähe als auch am Stadtrand befinden. Innerhalb dieser Elendsviertel sind die Lebensbedingungen oftmals unvorstellbar schlecht. Die unbefestigten, manchmal aus Karton, kaputten Steinen oder Stroh errichteten Hütten verfügen häufig weder über einen Anschluss an das Trinkwasser- und Stromnetz noch an die Kanalisation. An eine Müllabfuhr ist nicht zu denken, was nicht nur einen unerträglichen Gestank zur Folge hat, sondern auch die Verbreitung von schweren, teilweise sogar tödlichen Krankheiten nach sich zieht.

Daher haben es sich verschiedene deutsche **Hilfsorganisationen** zur Aufgabe gemacht, die Lebensbedingungen der Armen mithilfe der peruanischen Regierung zu verbessern. Viele der baufälligen Hütten werden im Rahmen von verschiedenen **Entwicklungsprojekten** grundlegend erneuert, stabilisiert und befestigt. Weiterhin wird für die Menschen der Zugang zu sauberem Trinkwasser mit einem Anschluss an das öffentliche Wasserleitungsnetz geschaffen. Darüber hinaus werden Stromleitungen verlegt und der anfallende Müll durch Entsorgungsbetriebe beseitigt. Um den Kindern eine Zukunft zu sichern, wird außerdem der Aufbau von Schulen vorangetrieben.

M5 Im Slum in Lima

M6 Verbesserung der Lebensbedingungen im Slum

Globale Entwicklungsunterschiede

1. Der Teufelskreis der Armut

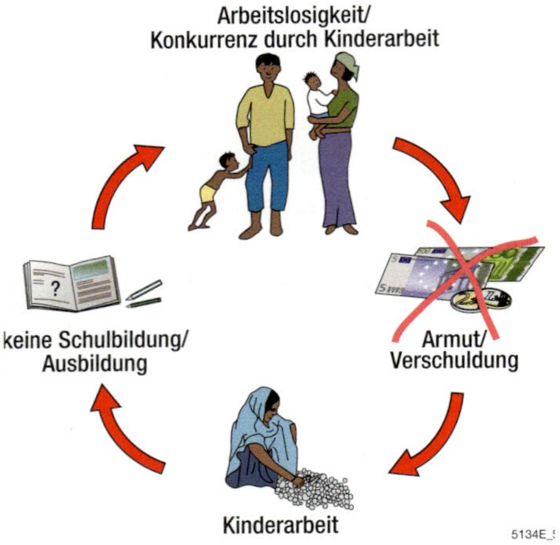

Beschreibe in einem zusammenhängenden Text, wie es zu diesem Teufelskreis in den Entwicklungsländern kommt.

2. Begriffsverwirrung

Schreibe einen zusammenhängenden Text, in dem die Begriffe geklärt werden.

3. Der Teufelskreis der Unterernährung

Übertrage die Schemazeichnung in deine Mappe oder dein Heft und setze die fehlenden Begriffe ein.

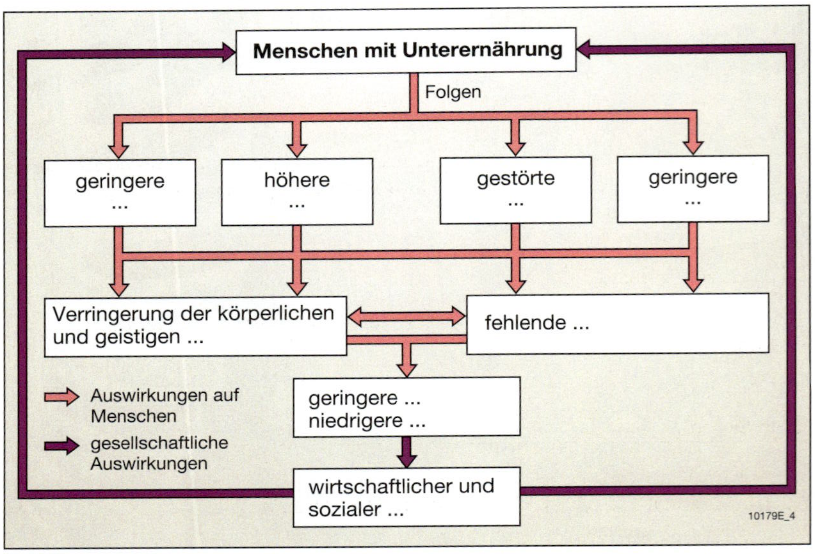

4. Die Grundbedürfnisse der Menschen

a) Ordne den Abbildungen 1 – 6 das richtige Grundbedürfnis zu.
b) Erläutere, was diese Grundbedürfnisse mit Industrieländern und Entwicklungsländern zu tun haben.

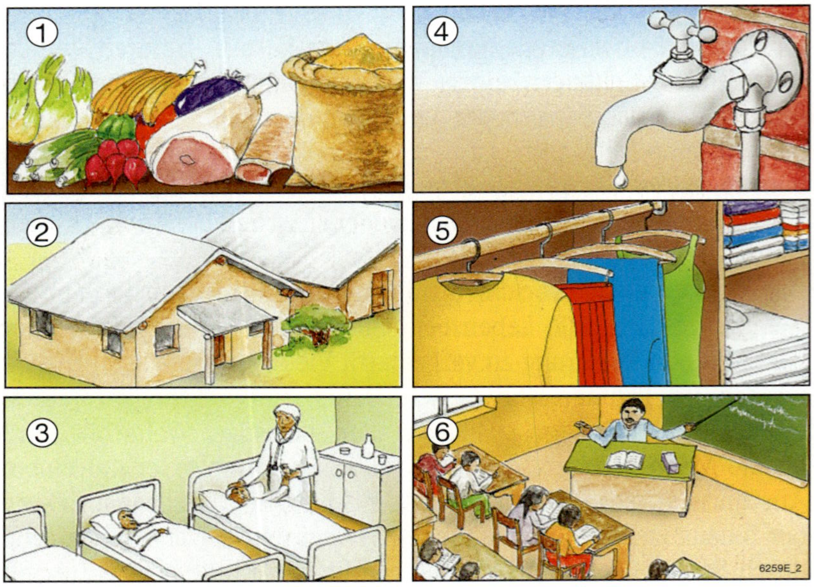

5. Die Großlandschaften Perus

Übertrage die Zeichnung in dein Heft oder deine Mappe, trage die Namen der Großlandschaften ein und notiere die landwirtschaftliche Nutzung.

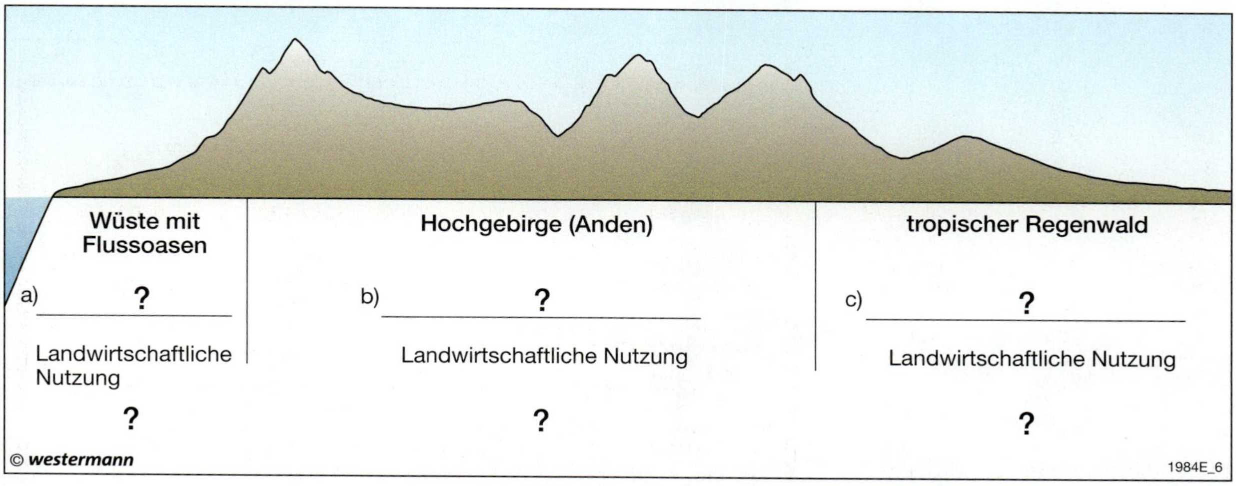

6. Landflucht in den Entwicklungsländern

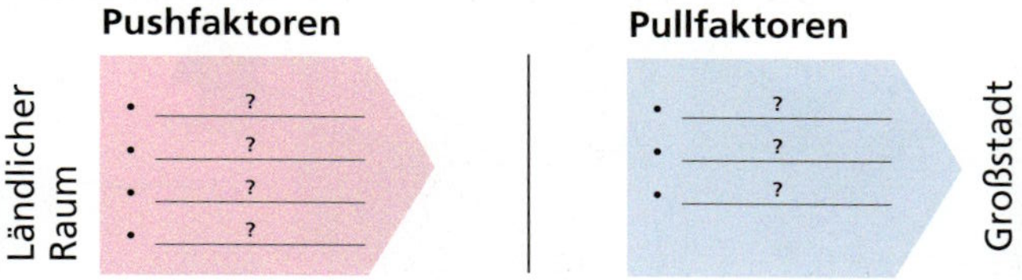

a) Zeichne das Schema ab und trage die Push-/Pullfaktoren ein.
b) Welche Auswirkungen hat die Bevölkerungswanderung auf den ländlichen Raum und welche auf die Großstädte?

Was habe ich gelernt?

1. Ich kann an Hand vorgegebener sozioökonomischer Indikatoren einen Staat einer der Ländergruppen Industrieländer, Schwellenländer und Entwicklungsländer zuordnen.
2. Ich kann eine Karikatur zur Problematik des Nord-Süd-Gegensatzes interpretieren.
3. Ich kann komplexe thematische Karten zu sozioökonomischen Indikatoren im Hinblick auf globale Disparitäten auswerten.
4. Ich kann mithilfe eines GIS den Nord-Süd-Gegensatz belegen.
5. Ich kann die Rolle Perus im Welthandel analysieren.
6. Ich kann Statistiken zu Import- und Exportvolumen und Import- und Exportstruktur auswerten.
7. Ich kann die Vormachtstellung Limas als Hauptstadt und Handelszentrum innerhalb des Landes charakterisieren und das enorme Wachstum der Stadt erläutern.
8. Ich kann eine geeignete Karte zur Stadtentwicklung Limas interpretieren und die Situation auf unterschiedliche Nutzungsansprüche bewerten.
9. Ich kann aus entsprechenden Vorlagen ein Wirkungsgeflecht zum Teufelskreis der Armut erstellen.
10. Ich kann die Lebensbedingungen in armen und reichen Stadtvierteln gegenüberstellen und stadtplanerische Maßnahmen zur Verbesserung des Lebens in Slums beschreiben.
11. Ich kann über Lösungsmöglichkeiten zur Verbesserung der Lebenssituation in Slums diskutieren.

Möglichkeiten zur Entwicklung

M1 In Mali berät ein Dorf über die Verteilung von Lebensmitteln.

USAID

INFO 1

Entwicklungs-zusammenarbeit

In Deutschland benutzt man oft den Begriff Entwicklungszusammenarbeit anstatt Entwicklungshilfe.
Das soll ausdrücken, dass die Entwicklungsländer gleichberechtigte Partner sind, mit denen man zusammenarbeitet – und keine Almosenempfänger.
Durch ständige Einbindung der Partner soll gewährleistet werden, dass die Entwicklungsprojekte die Bedürfnisse der Menschen nachhaltig befriedigen.

Ziele für das neue Jahrtausend

Im September 2000 kamen die Staats- und Regierungschefs aus 150 Ländern zu einem Gipfeltreffen in New York zusammen. Sie verständigten sich darauf, die Entwicklungsländer verstärkt zu unterstützen und setzten sich bis 2015 sehr konkrete Ziele, die **Millenniumsziele.**
In der Bundesrepublik Deutschland ist das Bundesministerium für wirtschaftliche Zusammenarbeit und Entwicklung, das BMZ, für die Entwicklungspolitik zuständig. Im Rahmen der Entwicklungszusammenarbeit werden zahlreiche Entwicklungsprojekte weltweit durchgeführt.
So herrscht über die Ziele, auf die man hinarbeiten muss, weitgehend Einigkeit. Umstritten ist jedoch, was die sinnvollsten Wege, die sinnvollsten Projekte und die sinnvollsten Strategien sind, um die gesteckten Ziele zu erreichen.

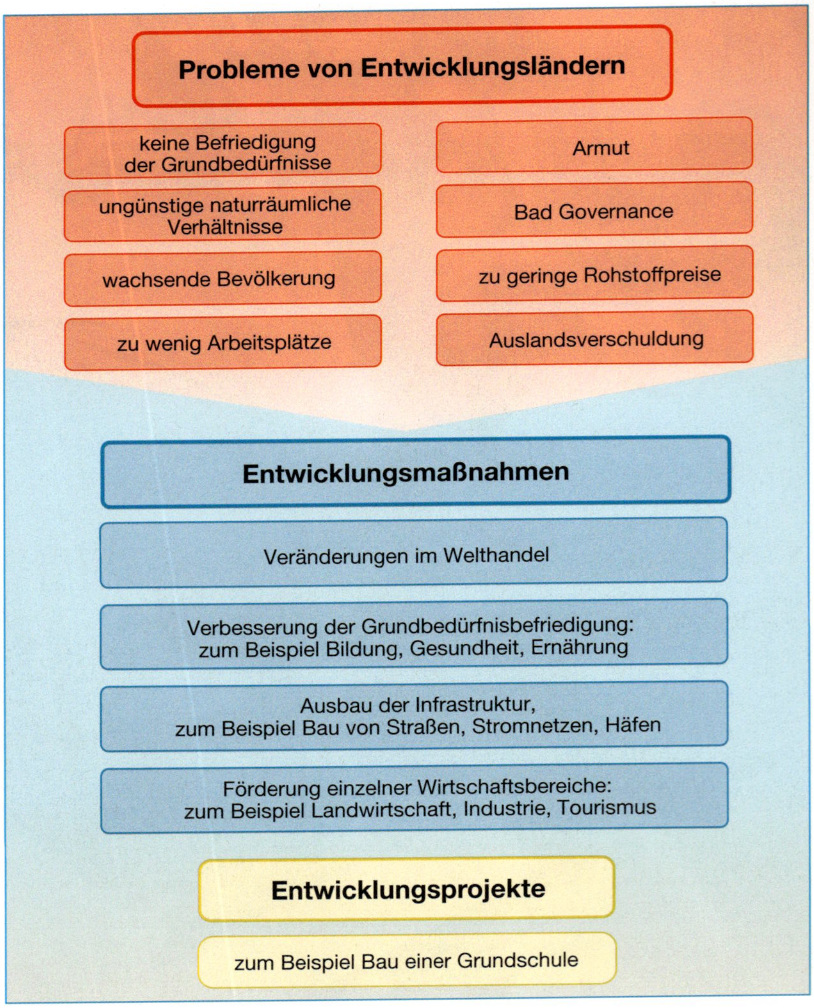

M1 Entwicklungszusammenarbeit konkret

AUFGABEN

1 **a) „Wir sind nicht nur verantwortlich für das, was wir tun, sondern auch für das, was wir nicht tun." Interpretiere das Zitat im Zusammenhang mit der Entwicklungszusammenarbeit und den Millenniumszielen (Info 1, 2).**
b) Du hast in der Entwicklungszusammenarbeit nicht genug Geld, um alles zu tun, was nötig wäre. Welche zwei Millenniumsziele würdest du bevorzugt unterstützen (Info 2)? Begründe.

2 **a) Welche Ziele werden mit dem Ausbau von Verkehrseinrichtungen in den Entwicklungsländern verfolgt? Erkläre anhand der Beispiele M2 und M3.**
b) Vergleiche den von Deutschland geförderten Straßenbau in Bolivien mit dem Straßenbau in Deutschland. Finde mögliche Gründe für die Unterschiede und erläutere sie.

M2 Der Bau einer Allwetterstraße in den bolivianischen Anden ist eine Voraussetzung, dass die Bauern auf dem Wochenmarkt ihre Produkte verkaufen können.

M3 In Somalia haben sich Firmen auf den Export von Kamelen spezialisiert. Das verlangt entsprechende Verlademöglichkeiten. Ein leistungsfähiger Güterumschlag in den Häfen ist die Vorbedingung für eine gesteigerte Teilnahme am Welthandel und für eine schnelle Hilfe bei Katastrophen.

INFO 2

Millenniumsziele

Mit vereinten Kräften will die internationale Gemeinschaft die folgenden Ziele bis zum Jahr 2015 erreichen:

1. Den Anteil der Weltbevölkerung, der unter Hunger und extremer Armut leidet, halbieren.
2. Allen Kindern eine Grundschulausbildung ermöglichen.
3. Die Gleichstellung der Geschlechter und die politische, wirtschaftliche und soziale Beteiligung von Frauen fördern, besonders im Bereich der Ausbildung.
4. Die Kindersterblichkeit verringern.
5. Die Gesundheit der Mütter verbessern.
6. Aids, Malaria und andere übertragbare Krankheiten bekämpfen.
7. Den Schutz der Umwelt verbessern.
8. Eine weltweite Entwicklungspartnerschaft aufbauen.

M4 Ein Ziel – viele Meinungen

WWW

Zahlreiche Projekte deutscher Entwicklungszusammenarbeit findest du auf der Seite des BMZ: www.bmz.de

INFO

TransFair

Seit 1992 setzt sich der gemeinnützige Verein TransFair für die Verbesserung der Arbeits- und Lebensbedingungen von Produzentenfamilien in Afrika, Lateinamerika und Asien ein. TransFair handelt selbst nicht mit Waren und ist auch keine Marke. Der Verein vergibt vielmehr ein Siegel für fair gehandelte Produkte.
In Deutschland sind in über 30 000 Geschäften Produkte mit dem Fairtrade-Siegel erhältlich. Kaffee ist dabei das wichtigste Fairtrade-Produkt, gefolgt von Blumen, Fruchtsäften und Bananen.

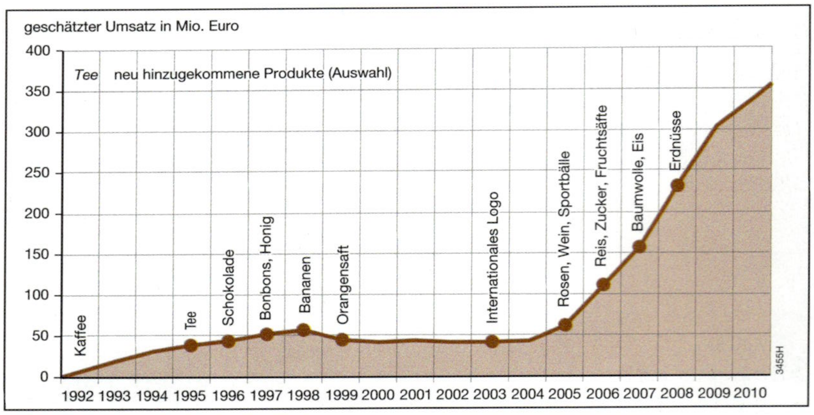

M1 Fairtrade-Produkte – immer beliebter

Fairer Handel mit den Bauern

Waren im Wert von vielen hundert Milliarden Euro werden täglich auf der Welt gehandelt. Da glaubt man schnell, dass man angesichts so gewaltiger Summen selbst als Einzelner nichts ausrichten kann. Doch das ist falsch! Jeder von uns entscheidet beim Einkauf, ob er eine Verbesserung der Lebens- und Arbeitsbedingungen sowie eine faire Entlohnung der Menschen in den Entwicklungsländern unterstützt oder nicht. **Fairer Handel** hat jedoch seinen Preis: Die Produkte sind teurer als solche, die nicht fair gehandelt werden.
Mehrere Organisationen haben es sich zur Aufgabe gemacht, Waren aus den Entwicklungsländern im Fairen Handel zu angemessenen Preisen auf dem Weltmarkt anzubieten. Sie schließen langfristige Lieferverträge mit den Produzenten in den Entwicklungsländern ab. Die Preise sind dabei so angesetzt, dass die Bauern ihr Auskommen haben und davon profitieren. In den Fairen Handel werden jedoch nur nachhaltig produzierte Produkte aufgenommen: zum Beispiel Kaffee und Bananen, die ökologisch angebaut wurden, oder Orangensaft und Fußbälle, die man ohne Kinderarbeit hergestellt hat.

AUFGABEN

1 **Erläutere mithilfe von M2 die Ziele, die mit Fairem Handel verfolgt werden.**

2 **Drei Millionen Menschen kaufen jedes Jahr TransFair-Produkte, obwohl sie etwas teurer sind. Nenne mögliche Gründe.**

3 **Erläutere den Begriff Fairtrade-Stadt (S. 123).**

4 **Fairer Handel verlangt von uns eine Veränderung der Einkaufsgewohnheiten. Erkläre.**

Afri Flora
Diese Fairtrade-Rosen wurden auf umweltbewusste Weise an den Ufern des Lake Ziway in Äthiopien gezüchtet. Sie wuchsen unter der afrikanischen Sonne.
Die Farmen verkaufen die Blumen an europäische Kunden. Mit einem Teil des Erlöses wurde in Ziway ein Krankenhaus errichtet; Schulen wurden gebaut und andere Projekte betrieben.

M2 Auf einer afrikanischen Blumenfarm

Land/ Ländergruppe	Anzahl an Fairtrade-Städten
Großbritannien	etwa 500
Belgien	etwa 110
Deutschland	etwa 80
Österreich	etwa 70
USA/Kanada	etwa 40
Australien/Neuseeland	etwa 10
	(Quelle: www.fairtrade-towns.de)

M3 Weltweite Verbreitung von Fairtrade-Städten (Auswahl)

M5 Logo der Fairtrade-Städte

Saarbrücken – erste Fairtrade-Stadt Deutschlands

Seit Januar 2009 können sich deutsche Städte bei TransFair um den Titel „Fairtrade-Stadt“ bewerben. Die beteiligten Personen setzen hierbei globales Denken auf lokaler Ebene um. „Saarbrücken macht vor, was viele Menschen in Deutschland wollen – einen fairen Umgang miteinander ohne Ausbeutung“, sagte der Leiter von TransFair bei der Übergabe der Urkunde am 2. April 2009. Durch die Auszeichnung wird der Einsatz der vielen engagierten Menschen für den Fairen Handel in Saarbrücken belohnt. Damit verhelfen sie den benachteiligten Produzentengruppen in den Entwicklungsländern zu einem verbesserten Einkommen. Das Bündnis „Saarbrücken – erste Fairtrade-Stadt“ hatte seit Jahresbeginn auf die Auszeichnung hingearbeitet.

Über 30 Personen aus 16 Organisationen engagierten sich persönlich. Ob im Rathaus, in der Kantine, im Weltladen, in der Schule, im Café, im Sportverein oder im Lebensmitteleinzelhandel – der Faire Handel bietet vielerorts Anknüpfungspunkte.

Die Kampagne „Fairtrade-Städte“ bezieht alle Bereiche des Engagements in der Gemeinde ein: die Bürger als Konsumenten, die Städte als öffentliche Einkäufer, die Medien und auch den Einzelhandel.

(Nach: Kampagnen von Trans Fair: www.fairtrade-deutschland.de, 01.06.2013)

M4 Gruppenfoto nach einer Preisverleihung

Die Kampagne „Fairtrade Towns“ ist weltweit sehr erfolgreich. Nach dem Start im Jahr 2000 in Großbritannien haben mittlerweile über 1100 Städte in 24 Ländern die Auszeichnung erlangt.
Dazu gehören Metropolen wie London, Dublin, Brüssel, Paris und Kopenhagen. Seit 2009 nimmt auch Deutschland an der Aktion teil.
Bewerben können sich Kommunen als „Fairtrade-Stadt“, „Fairtrade-Gemeinde“ oder „Fairtrade-Landkreis“.

Der Titel wird von einer anerkannten Fairtrade-Zertifizierungsstelle verliehen, wenn folgende Kriterien erfüllt sind:
- Bildung einer lokalen Steuergruppe zur Koordination aller Aktivitäten,
- Angebot von Fairtrade-Produkten in Einzelhandel und Gastronomie,
- Verwendung von Fairtrade-Produkten in öffentlichen Einrichtungen (z. B. Schulen),
- Berichterstattung über Fairtrade in den örtlichen Medien.

M6 Merkmale der Fairtrade-Städte

WWW
www.fairtrade-deutschland.de
www.fairtrade-towns.de

Menschliche Lebensbedingungen für alle

Gib einem hungernden Menschen einen Fisch und er hat für einen Tag etwas zu essen. Zeig ihm, wie man fischt und er muss nie wieder hungern. Aus diesem Grund bieten wir Schulungen in der Landwirtschaft an, die gerne angenommen werden. Durch diese Hilfe zur Selbsthilfe kommt es zu einer nachhaltigen Verbesserung der Lebensbedingungen, einer nachhaltigen Entwicklung.

(Nach: Heiko Petersen, Leiter eines deutschen Entwicklungshilfeteams in Afrika)

M1 Hilfe zur Selbsthilfe

M3 Hilfslieferungen in Entwicklungsländer

Katastrophenhilfe – Überleben sichern

„Hochwasser in Pakistan“, „Hunger in Somalia“ – Katastrophenmeldungen erreichen uns häufig. Schon kurze Zeit später senden die Regierungen und Hilfsorganisationen Güter in die betroffenen Gebiete: Nahrungsmittel, Wasseraufbereitungsanlagen, transportable Feldlazarette oder Notunterkünfte. Zunächst geht es darum, das Überleben der betroffenen Menschen zu sichern.

Allerdings schadet Hilfe manchmal mehr, als sie nützt. Immer wieder kommt es vor, dass Nahrungsmittel aus den großen Industrieländern kostenlos oder zu sehr günstigen Preisen in die Entwicklungsländer geliefert werden und zu einer Konkurrenz für die einheimischen Bauern werden.

Ein Leitziel der **nachhaltigen Entwicklung** ist die Grundbedürfnisbefriedigung (siehe S. 96) für alle Teile der Bevölkerung.

M2 Bildung ist eine wichtige Voraussetzung für die Entwicklung.

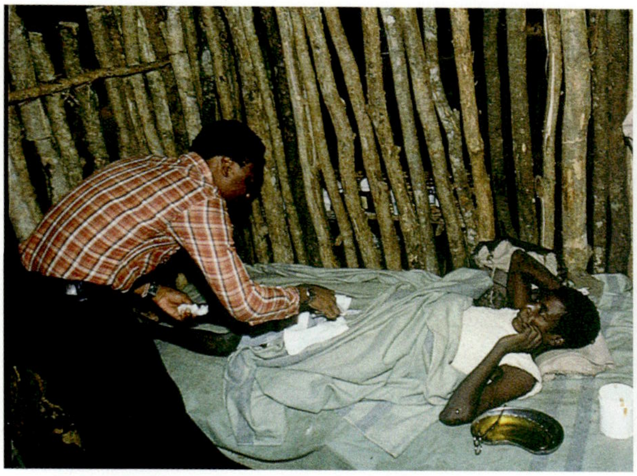

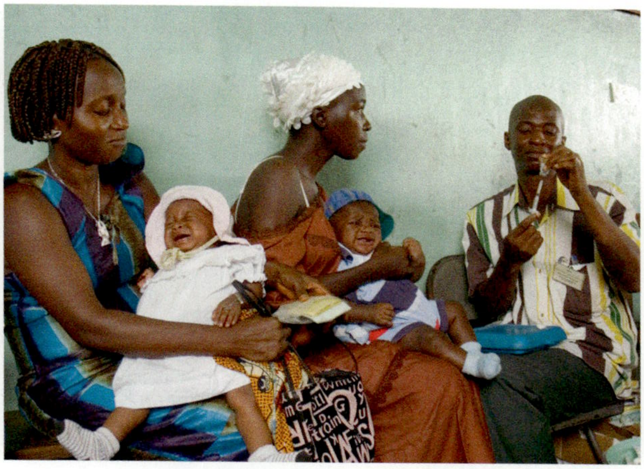

M4 Der Arztbesuch ist den Kranken oft mehrere Tagesreisen wert.

Mehr als 40 Prozent der Menschen in Kenia haben keinen direkten Zugang zu sauberem Trinkwasser und mehr als 50 Prozent der Bevölkerung haben keinen zufriedenstellenden Zugang zu sanitären Anlagen. Darum unterstützt die Bundesrepublik Deutschland die Reform des Wassersektors. Ziel ist es, dadurch die Gesundheitssituation der kenianischen Bevölkerung, besonders der armen Familien in den Städten, zu verbessern.
In den vergangenen Jahren konnte so für 170 000 Menschen Zugang zu sauberem Trinkwasser geschaffen werden. In den kommenden Jahren soll diese Zahl um weitere 700 000 Menschen steigen.
Deutschland unterstützt die kenianische Regierung außerdem bei der Entwicklung eines Krankenversicherungswesens und bei der Verbesserung des Gesundheitswesens. (Nach: www.bmz.de)

M5 Darstellung des Bundesministeriums für wirtschaftliche Zusammenarbeit und Entwicklung über die Hilfsmaßnahmen in Kenia

AUFGABEN

1 **a) Erkläre drei Grundsätze der Entwicklungszusammenarbeit:**
- **Hilfe zur Selbsthilfe (M1),**
- **Grundbedürfnisbefriedigung,**
- **nachhaltige Entwicklung.**

b) Überprüfe die Entwicklungsmaßnahmen bzw. -projekte (M2 – M5/M6) im Hinblick auf diese drei Grundsätze.

2 **Beurteile die Maßnahmen der deutschen Entwicklungszusammenarbeit in Afrika (M5, M6).**

◁ M6 Ein großer Teil der Aufwendungen in der deutschen Entwicklungszusammenarbeit geht nach Afrika. In ländlichen Regionen fördern neue Wasserpumpen sauberes Trinkwasser. Dies erleichtert den Menschen die Arbeit und führt zu einem Rückgang der Kindersterblichkeit.

M1 Im indisch-deutschen Joint Venture „Enercon India Ltd.“ nördlich von Bombay (Mumbai) werden seit 1994 modernste Windkraftanlagen für den indischen Markt und den Weltmarkt produziert. ▷

INFO

Wachstumspol

Wachstumspole sind aufstrebende Zentren. Hier wird die Infrastruktur besonders gut ausgebaut und niedrige Steuern oder gar staatliche Zuschüsse bewirken, dass sich bevorzugt Firmen ansiedeln. Diese bieten Arbeitsplätze und vergeben Aufträge an Unternehmen im Umland. So wächst der Wohlstand auch in der Region um den Wachstumspol. Die Menschen verdienen genügend Geld, um ihre Grundbedürfnisse zu befriedigen.
Nach dieser Strategie hat China mit großem Erfolg Dutzende von Wachstumspolen entlang der Küste gefördert.

Industrie als Wegbereiter der Entwicklung

Shenzhen, die Nachbarstadt von Hongkong 1979: Reisfelder, darin eine kleine Stadt mit etwa 30 000 Einwohnern.
Shenzhen 30 Jahre später: eine der am schnellsten wachsenden Städte der Welt mit etwa zwölf Millionen Einwohnern und Tausenden von Wirtschaftsbetrieben.
Shenzhen ist ein gutes Beispiel für eine Region, die sich durch Ansiedlung von Industrie entwickelt hat. Viele Entwicklungsländer setzen große Hoffnungen in den Aufbau einer eigenen Industrie.
Ein großer Standortvorteil sind dabei die niedrigen Arbeitskosten. Daher ist ein Standort in Entwicklungsländern für Betriebe aus den Industrieländern durchaus attraktiv. Sie verlagern dann aus ihren Fabriken die Teile ihrer Produktion, die sehr arbeitsintensiv sind, aber keine hohe Ausbildung verlangen, zum Beispiel das Nähen von Kleidungsstücken oder das Montieren von Spielzeugen.
Der Wunsch eines jeden Entwicklungslandes ist es, **Wachstumsindustrien** anzusiedeln, von denen man in Zukunft einen wirtschaftlichen Aufschwung und damit die Schaffung vieler Arbeitsplätze erwarten kann. Dies könnten zum Beispiel die Fahrzeugindustrie oder Chemieindustrie sein.
Da in den Entwicklungsländern häufig das Know-how für den Aufbau technisch anspruchsvoller Industrien fehlt, bilden sich oft Joint Ventures: Partnerunternehmen, an denen je eine Firma aus einem Industrie- und einem Entwicklungsland beteiligt sind. Die ausländische Firma bringt dabei das nötige Kapital und das Know-how in die Gemeinschaft ein und die einheimische sorgt für billige Arbeitskräfte und niedrige Steuern. In China, Indien, Mexiko und Malaysia gibt es Tausende solcher Joint Ventures.
Eine wichtige Frage ist dabei, wo die Industrie innerhalb eines Landes angesiedelt wird. Viele Länder konzentrieren die Entwicklung auf einzelne Wachstumspole. Doch damit werden die Unterschiede zwischen armen und reichen Regionen größer.

AUFGABEN

1 **Begründe, warum gerade Fahrzeug- und Chemieindustrie in Entwicklungsländern Wachstumsindustrien sein können.**

2 **a) Zeichne ein Modell zur Wirkung eines Wachstumspols.**
b) Stelle am Beispiel der IT-Branche in Bangalore die Effekte eines Wachstumspols dar.
c) Beurteile das Konzept der Wachstumspole. Hältst du es für sinnvoll?

△ M2 Der Bagmane-Technologie-Park in Bangalore

M3 Straßenszene in Bangalore ▷

M5 1990 legte die indische Regierung über das Land verteilt „IT-Cities“ mit besonders guten Standortbedingungen an.

Bangalore: Electronic City

Mit der Armut in Bangalore (offizieller Name: Bengaluru) wird Narayana Murthy allmorgendlich auf dem Weg zur Arbeit konfrontiert: Er lenkt seinen Pkw vorbei an Ochsenkarren und Wellblechhütten. Viele Menschen haben am Straßenrand ihre Waren zum Verkauf ausgebreitet; Kinder spielen im Müll.

Dann passiert er die Einfahrt zum Bagmane-Park, einem Industriepark für Informationstechnologie (IT). Hier sind die Straßen ruhig und sauber. Es gibt Swimmingpools, Cricket-Felder, Fitness-Studios und Gartenrestaurants.

Die Großraumbüros bei Herrn Murthy sind ausgestattet mit Tausenden vernetzter Workstations, an denen junge Inder Software-Pakete maßschneidern. Ein Tastendruck und der PC in Bangalore ist verbunden mit dem Computerzentrum der Hotelkette Holiday Inn in den USA, für die in Bangalore Buchungs-Software erstellt wird.

Die Vorteile liegen auf der Hand: Wegen der 13 Stunden Zeitunterschied arbeitet Indien, während Amerika schläft – und den US-Kunden stehen so an ihren Computern praktisch 24 Stunden Arbeitszeit zur Verfügung.

Außerdem arbeiten die Software-Spezialisten in Bangalore für einen weit geringeren Lohn als ihre Kollegen in den Industrieländern. Aber ihr Lebensstandard ist trotzdem wesentlich höher als der anderer Inder: Sie verdienen das Zehn- bis Zwanzigfache eines Bauarbeiters.

M4 Wachstumspol Hightech in Bangalore

„To be bangalored“

sagt man in Indien inzwischen, wenn man meint: Nichts geht mehr (z. B. Stau, hohe Preise, schlechte Luft, Parkplätze statt Parks).

Die Fünf-Millionen-Metropole Bangalore hat sich innerhalb der letzten zwei Jahrzehnte zu einem der weltweit führenden Hightech-Zentren mit über 300 000 IT-Spezialisten entwickelt.

Hier sind die wichtigsten Betriebe der indischen Luft- und Raumfahrtindustrie und die Hälfte aller Biotech-Unternehmen ansässig. Alle international bekannten IT-Unternehmen betreiben hier Zweigfirmen oder Joint Ventures. Nicht in Bangalore zu sein, wäre in der Branche ein Mangel.

M6 Überentwicklung?

Förderung von Industrie und Landwirtschaft

M1 Der Anschluss an das Stromnetz ist eine wichtige Voraussetzung für menschenwürdige Lebensbedingungen.

Die Entwicklung der Landwirtschaft

Die meisten Entwicklungsländer sind Agrarländer. Das heißt, die meisten Menschen sind in der Landwirtschaft beschäftigt und oft besteht auch der Export überwiegend aus landwirtschaftlichen Produkten. Trotz des stetigen Wachstums großer Städte wohnen immer noch sehr viele Menschen auf dem Land. Daher ist es sinnvoll, die Landwirtschaft und die ländlichen Gebiete zu entwickeln.

Weltweit bekannt als ländliches Entwicklungsprogramm wurde die **Grüne Revolution**. Sie führte in manchen Regionen zu einer Verdopplung oder gar Verdreifachung der Produktion. Doch vielfach waren es nur die wohlhabenden Bauern, die sich das teure ertragreichere Saatgut, den Dünger und die Bewässerungsanlagen leisten konnten.

Der Mangel an Kapital ist es vor allem, der die weitere Entwicklung in den ländlichen Gebieten verhindert. Und wer in absoluter Armut lebt, dem leiht auch niemand Geld.

Kleinstkredite für die Ärmsten der Armen

1983 gründete der aus Bangladesch stammende Wirtschaftswissenschaftler Professor Muhammad Yunus die Grameen Bank, die „Bank auf dem Land“. Sie verleiht auch an arme Menschen Geld. Dabei geht es um kleine Summen von einem bis zu 50 Euro. Jeder, der Geld ausleiht, wird Miteigentümer der (Genossenschafts)Bank – und fühlt sich dadurch zur Rückzahlung verpflichtet. Die Kunden sind fast ausschließlich Frauen. Sie verwenden die Kredite zum Beispiel, um einen Handel mit handwerklichen oder landwirtschaftlichen Produkten zu beginnen. Das kommt auch ihren Kindern zugute. Frauen, die über ein eigenes Einkommen verfügen, versorgen ihre Kinder besser und schicken sie zur Schule statt zur Arbeit. So werden durch diese Art der Frauenförderung viele Probleme der Entwicklungsländer gemindert.

AUFGABEN

1 **Bereite ein Kurzreferat über die Grameen Bank und ihren Gründer Prof. Yunus vor (Internet).**

2 **Erläutere die Auswirkungen in Entwicklungsländern von**
a) Kleinkrediten an Frauen auf dem Land,
b) Alphabetisierung aller Mädchen,
c) Wiederaufforstung.

3 **Entscheide, welche zwei Maßnahmen zur ländlichen Entwicklung du für besonders sinnvoll hältst (M4). Begründe.**

M2 Würde die Landwirtschaft in Entwicklungsländern nach unseren Maßstäben modernisiert, würden Hunderte Millionen Menschen arbeitslos, in China allein 300 Mio. ▷

Das Kreditsystem der Grameen Bank wurde in 60 Entwicklungsländern übernommen. 2006 erhielt Prof. M. Yunus den Friedensnobelpreis.

Kleinprojekte – den Menschen angepasst

Die Entwicklungsprojekte auf dem Land sind heute meist Kleinprojekte, die sich nur auf einige Dörfer oder eine überschaubare Region beziehen: der Bau eines kleinen Stauteichs mit angeschlossenen Bewässerungskanälen, die Beratung der Bäuerinnen und Bauern beim Kauf des Saatguts und beim Bewirtschaften der Felder, der Anschluss von Dörfern an das Stromnetz oder die Versorgung mit sauberem Wasser.
Durch all diese Maßnahmen sollen die Lebensbedingungen auf dem Land verbessert und damit die Abwanderung in die Städte vermindert werden.

Die Rural Women's Bank (Indien)
So sind die Banken organisiert:
- Kreditvergabe an Arme. Teilhaber der Rural Women´s Bank im indischen Bundesstaat Tamil Nadu sind keine einzelnen Frauen, sondern rund 12000 kleine Gemeinschaften (Kooperativen).
- Jede Gruppe besitzt ihr eigenes Konto und entscheidet gemeinsam, wofür das Geld ausgegeben und wie es zurückgezahlt wird.
- Die Mitglieder der Gruppen bürgen füreinander.
- Erst wenn das geliehene Geld zurückgezahlt worden ist, wird ein neuer Kredit vergeben.
- Die Gruppen der Kreditnehmerinnen müssen erklären, wofür sie das Geld nutzen.
- Unterstützt wird nur der Kauf nachhaltig wirkender Güter. Der Kauf von Luxusartikeln (z. B. Fernseher) wird nicht unterstützt.
- Eingeschlossen in die Teilhaberschaft ist auch eine Lebensversicherung.

M3 Kleinkredite für Arme in Indien

Projekte auf dem Land
- Aufklärung über die Gefahren der Abholzung, Einweisung in (Holz-)energiesparendes Kochen
- Wiederaufforstungs- und Erosionsschutzmaßnahmen
- Anlage von Wasserrückhaltebecken
- Alphabetisierung von Frauen und Mädchen
- Aufklärung über Verhütungsmöglichkeiten und Hygiene
- Verbesserung der Verkehrswege, um einfacher und schneller zum Markt zu gelangen
- Bau neuer Brunnen und Bewässerungsanlagen
- Ausbildung von Handwerkern

M4 Ländliche Entwicklung in Indien

M5 Auf dem Weg zu einer Versammlung in der Rural Women's Bank

Unsere Konsumgewohnheiten auf dem Prüfstand

M1 Die Qual der Wahl

AUFGABE

1 **a) Ermittelt durch eine Umfrage in der Klasse den Bekanntheitsgrad der Gütesiegel in M2.**
b) Vergleicht mit M2.

INFO

Agenda 21

Agenda (lateinisch) bedeutet sinngemäß „Was zu tun ist".
Die Agenda 21 ist eine 1992 getroffene Willenserklärung der Regierungen von 172 Staaten der Erde, die Zukunft der Menschheit umweltschonend, sozial gerecht und nachhaltig zu gestalten.
Sie fordert für eine nachhaltige Entwicklung:

- Armutsbekämpfung
- Veränderung der Konsumgewohnheiten
- Schutz der Erdatmosphäre
- Förderung einer nachhaltigen Landwirtschaft
- Schutz der Süßwasserressourcen

Frage: Kennen Sie die vier Produktkennzeichen? Achten Sie beim Einkaufen darauf?

	ist mir unbekannt	**ist mir bekannt**	**falls Zeichen bekannt: ja, ich achte beim Einkaufen darauf**
Blauer Engel	17 %	83 %	49 %
Bio-Siegel	26 %	74 %	49 %
TransFair-Siegel	68 %	32 %	50 %
FSC-Siegel	87 %	13 %	37 %

(Nach: Bundesministerium für Umwelt, Naturschutz und Reaktorsicherheit 2010)

M2 Umfrage zu Produktkennzeichen

Leben – so oder so?

Unsere Lebensqualität, also wie zufrieden wir mit unserem Leben sind und wie gut es uns geht, hängt von der Befriedigung unserer Bedürfnisse ab. In unserer Gesellschaft wird das „gute Leben" größtenteils über materielle Güter definiert. Dies führt zu einem wenig nachhaltigen Konsumverhalten, das den Verbrauch an **Ressourcen** und Energie steigert. Andererseits gibt es eine wachsende Zahl von Menschen, die bewusst ihren Rohstoff- und Energieverbrauch niedrig hält.
Was können wir tun, um unsere Lebensqualität auf eine umweltverträgliche, nachhaltige Weise zu steigern? Eine Möglichkeit besteht darin, unsere Einkaufsgewohnheiten umweltverträglich auszurichten. Wer zum Beispiel ein stromsparendes Fernsehgerät kauft, spart zum einen Ressourcen, zum anderen spart er Stromkosten.

Die Förderung nachhaltiger Produkte und des nachhaltigen Konsums ist eine wichtige Aufgabe der Umweltpolitik. Nach den regelmäßig durchgeführten Bevölkerungsumfragen des Umweltbundesamtes zum Umweltbewusstsein erklärt sich ein Großteil der Verbraucherinnen und Verbraucher grundsätzlich zu nachhaltigen Formen des Konsums bereit, zum Beispiel zum Einkauf umweltgerechter Produkte (siehe M2). Hierbei sind Produktkennzeichen wichtige Orientierungshilfen, wie das Umweltzeichen Blauer Engel (www.blauer-engel.de), das Bio-Siegel für Lebensmittel aus dem ökologischen Anbau (www.bio-siegel.de), das TransFair-Siegel für Produkte aus dem Fairen Handel (siehe S. 122), das FSC-Siegel für ökologische Holzprodukte (www.fsc-deutschland.de).

(Nach: Umweltbundesamt 2010)

M3 Nachhaltiger Konsum hilft der Umwelt.

Gütesiegel/Kennzeichen	Wohnen	Nahrung	Textilien	Mobilität	Tourismus/ Reisen	Finanzen
Blauer Engel Umweltfreundliche Produkte	x			x		
Europäisches Umweltzeichen Umweltfreundliche Produkte und Dienstleistungen	x		x		x	
verschiedene Etiketten: **Europäisches Energielabel** Geringer Energieverbrauch bei elektrischen Geräten	x					
FSC-Siegel Holzprodukte aus sozial-ökologischer Waldbewirtschaftung	x					
Grüner Strom Label e.V. Strom aus erneuerbaren Energien	x					
Öko-Test Vergleichende Warentests	x	x	x	x		x
Stiftung Warentest Vergleichende Warentests	x	x	x	x	x	x
Rugmark Einhaltung sozialer Mindeststandards bei der Herstellung von Teppichen			x			
Bio-Siegel Staatliches Kennzeichen für Lebensmittel aus ökologischer Erzeugung und Produktion		x				
Marine Stewardship Council Fische aus nachhaltiger Fischereiwirtschaft		x				
TransFair unterstützt durch fairen Handel Erzeuger in Entwicklungsländern		x				
Viabono Umweltdachmarke für umweltverträglichen Tourismus					x	
VCD Auto-Umweltliste Umweltverträglichkeit von 300 untersuchten Fahrzeugen und das Umweltengagement der Hersteller				x		

17736E

M4 Gütesiegel und Kennzeichen für nachhaltigen Konsum

Verschiedene Umweltverbände haben Listen mit Gütesiegeln erstellt (M4), die besonders umweltfreundliche Produkte auszeichnen. Internetseiten bewerten zusätzlich, wie energie- und umweltbewusst die Geräte hergestellt werden (M5). So hat man eine Entscheidungshilfe für seine Einkäufe. Auch die lokalen Büros der **Agenda 21** geben Tipps.

AUFGABEN

2 **a) Erstellt in Partnerarbeit zu je einem der Gütesiegel in M4 einen Teil einer Wandzeitung. Achtet darauf, dass alle Siegel vorgestellt werden.**
b) Die Gütesiegel werden auf der Internetseite „www.label-online.de" beurteilt. Gehe auf die Seite, wähle ein Gütesiegel aus und erstelle einen Text zu der dortigen Bewertung.

3 **Auf der Internetseite „www.agenda21-treffpunkt.de" findest du viele aktuelle Informationen zur nachhaltigen Entwicklung. Stelle eines der Themen in der Klasse vor.**

4 **Bewerte dein Einkaufsverhalten.**

Mehr Überblick für Verbraucher

„Kennen Sie das auch? Sie wollen ein neues Produkt kaufen und stehen vor der Qual der Wahl: Welche Marke? Wie steht es mit der Qualität? Welches Modell ist umweltfreundlicher? Wo finde ich schließlich ein preisgünstiges Angebot? EcoTopTen nimmt Ihnen die aufwändige Recherchearbeit ab: durch Produktempfehlungen in zehn Bereichen. Die EcoTopTen-Produkte haben eine hohe Qualität, ein gutes Preis-Leistungsverhältnis und sind ökologische Spitzenprodukte. Außerdem zeigen wir Ihnen mit den jährlichen Gesamtkosten, was die Produkte wirklich kosten."

(Nach: www.ecotopten.de)

M5 EcoTopTen

Auch du kannst helfen!

MELONEN-GURKEN-SALAT
(TÜRKEI)

Zutaten:
1 Salatgurke, 1 Honigmelone, 1 Becher saure Sahne, 2 Esslöffel Tomatenketchup, Salz, frisch gemahlener Pfeffer, Cayennepfeffer, Zitronensaft.

Zubereitung:
Gurke schälen und in Scheiben schneiden. Melone vierteln und Kerne herauskratzen. Melonenfleisch würfeln und mit den Gurkenscheiben mischen. Saure Sahne mit Ketchup, Salz, Pfeffer und Cayennepfeffer verrühren. Mit Zitronensaft abschmecken und über die Salatzutaten gießen.

M1 Ein Rezept aus dem selbst angefertigten Kochbuch

M3 Projekttag in der Schule

Entwicklungszusammenarbeit – auch in der Schule

Die Klasse 8a in Saarlouis hat ein Kochbuch gestaltet, das Rezepte aus aller Welt enthält. Auf einem Aktionstag zum Thema „Leben in der Einen Welt“ wurde es vorgestellt. Der Verkaufserlös wurde UNICEF, dem Kinderhilfswerk der UNO, gespendet.

Überall in Deutschland versuchen Schulklassen, Vereine und einzelne Bürgerinnen und Bürger den Menschen in den Entwicklungsländern zu helfen. Die Organisation „Plan International“ bietet zum Beispiel Patenschaften an. Hier können Kinder in Ländern der Dritten Welt durch geringe monatliche Beträge unterstützt werden. Briefkontakte informieren über die Verwendung des Geldes.
Ihr könnt dazu beitragen, die Menschen bei uns über Probleme der Entwicklungsländer zu informieren, zum Beispiel an einem Projekttag.

M2 Plakate von Hilfsorganisationen

- Info-Stand mit Ausstellung
- Schuhe putzen
- Verlosung
- Fahrräder reparieren
- Basar
- Theaterstück
- Kuchen backen und verkaufen
- Kochbuch erstellen

M4 Ideen für einen Projekttag, auch um Spenden zu sammeln

UNICEF
(Kinderhilfswerk der UNO)
Höninger Weg 104
50969 Köln
www.unicef.de

Die Organisation arbeitet in 118 Ländern und will vor allem den Frauen und Kindern helfen. Beispiel Peru: Projekte zur Abwasserbeseitigung in den Städten, Trinkwasserversorgung, Verbesserung der Ernährungssituation und der Gesundheitsvorsorge, Erhöhung des Familieneinkommens, Verbesserung der Bildung.

Plan International
Bramfelder Str. 70
22305 Hamburg
www.plan-deutschland.de

Die Organisation will die Zukunft der Kinder sichern. Sie arbeitet in 28 Ländern. Beispiel Nepal: Unterstützung von Dorfgemeinschaften durch den Bau von Trinkwasserleitungen, Latrinen, Dorfschulen, Anlegen von Fischteichen, Baumaterialien zur Errichtung von Viehställen.

Werkstatt Ökonomie
Obere Seegasse 18
69124 Heidelberg
www.woek.de

Die Organisation betreut Projekte gegen die Kinderarbeit, sie organisiert Vorträge und verteilt Broschüren.

Anschriften von weiteren Hilfsorganisationen:

Misereor
Mozartstraße 9
52064 Aachen
www.misereor.de

Brot für die Welt
Stafflenbergstr. 76
70184 Stuttgart
www.brot-fuer-die-welt.de

terre des hommes
Ruppenkampstraße 11a
49084 Osnabrück
www.tdh.de

Deutsche Welthungerhilfe
Adenauerallee 134
53113 Bonn
www.welthungerhilfe.de

M5 Hilfsorganisationen, Projekt, Werkstätten

AUFGABEN

1 **Schildere mithilfe der in M5 angegebenen Internetadressen ein Projekt, welches du gerne persönlich durchführen möchtest. Begründe.**

2 **Startet in der Klasse eine Aktion, um Menschen in einem anderen Teil der Welt zu helfen.**

M6 Ein Angebot an „Köstlichkeiten" für die Besucher des Projekttages füllt die Spendenkasse.

M7 Ein Schulkonzert für ein Entwicklungsprojekt

Möglichkeiten zur Entwicklung

1. Die Millenniumsziele

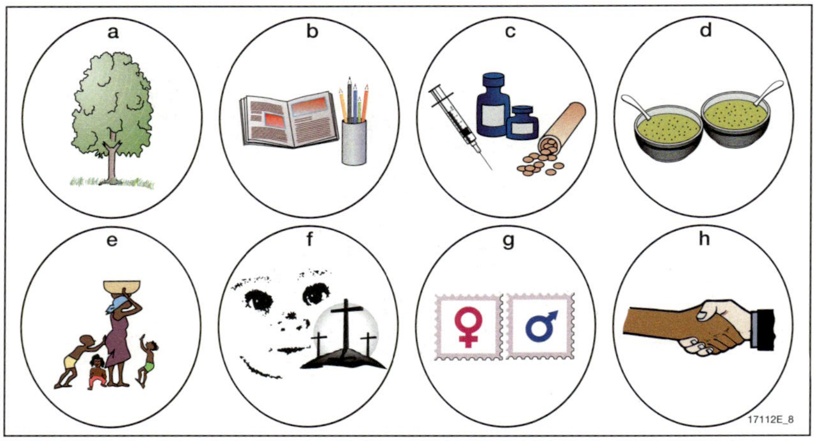

In der Abbildung sind die acht Millenniumsziele zur Unterstützung der Entwicklungsländer als kleine Grafiken a–h dargestellt.

a) Benenne die Ziele, die sich hinter den Grafiken verbergen.

b) Berichte über ein gelungenes Projekt im Rahmen der Entwicklungszusammenarbeit.

2. Produkte des Fairen Handels

Informiere dich über die Einkaufsmöglichkeiten eines der abgebildeten Produkte aus Fairem Handel: www.fairtrade-deutschland.de. Berichte.

3. Die Industrie – Wegbereiter der Entwicklung

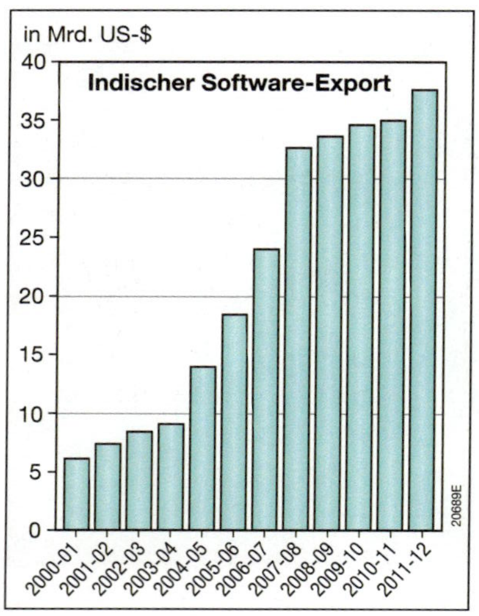

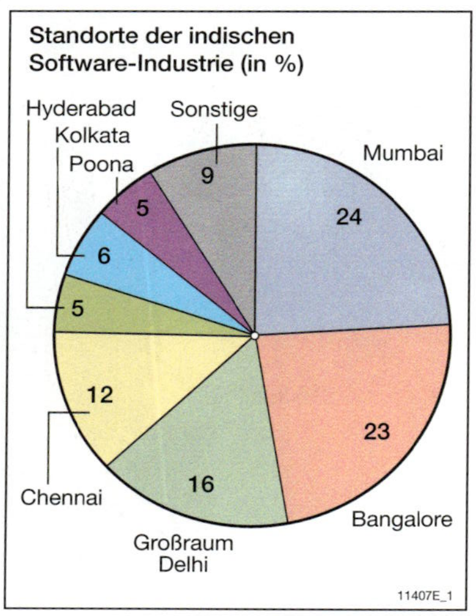

In den Entwicklungsländern gilt der Aufbau einer Industrie oftmals als Wegbereiter der Entwicklung. Erläutere diese Aussage mithilfe der beiden Diagramme zu Indien.

4. Maßnahmen der Entwicklungszusammenarbeit

Die Fotos zeigen nur drei von vielen Maßnahmen der Entwicklungszusammenarbeit.

a) Ordne sie begründet einer der Zielsetzungen der Entwicklungszusammenarbeit zu.
b) Zähle weitere Entwicklungsmaßnahmen auf.

5. Eine Karikatur

Interpretiere die Karikatur und nimm Stellung.

Was habe ich gelernt?

1. Ich kann konkrete Möglichkeiten beschreiben, Armut zu überwinden.
2. Ich kann konkrete Projekte der Entwicklungszusammenarbeit beurteilen.
3. Ich kann mein eigenes Konsumverhalten im Hinblick auf eine nachhaltige Entwicklung der Erde bewerten.

Minilexikon

ablandiger Wind (Seite 50)
Wind, der vom Land auf das Meer weht. Er transportiert meist trockene Luftmassen. (→ auflandiger Wind)

Agenda 21 (Seite 131)
Agenda (lat.) bedeutet sinngemäß „Was zu tun ist“. Die Agenda 21 ist eine 1992 getroffene Willenserklärung der Regierungen von 172 Staaten der Erde, die Zukunft der Menschheit umweltschonend, sozial gerecht und nachhaltig zu gestalten. (→ nachhaltige Entwicklung)

Agglomeration (Seite 23)
Allgemeine Bezeichnung für räumliche Ballung oder Verdichtung, z. B. von Bevölkerung oder Industrie.

Akkumulation (Seite 46)
(von lat. „accumulare“: anhäufen, aufhäufen). Ansammlung und Ablagerung von Sedimenten, das heißt Lockermaterial wie z. B. Sand, Ton oder Kies. Die Akkumulation wird auch Sedimentation genannt. (→ Aufschüttungsebene, → Schwemmlandboden)

Altstadt (Seite 20)
Die Altstadt ist der erhalten gebliebene älteste Teil einer Stadt. Er stammt häufig aus dem Mittelalter, d. h. aus der Zeit vor 1500. Kennzeichnend ist eine dichte Bebauung mit engen, verwinkelten Straßen. Oft sind noch Teile der mittelalterlichen Stadtmauer erhalten.

Analphabet (Seite 96)
Person, die weder lesen noch schreiben kann. In den meisten → Entwicklungsländern ist der Anteil der Analphabeten bei Mädchen höher als bei Jungen.

auflandiger Wind (Seite 50)
Wind, der vom Meer auf das Land weht. Er transportiert meist feuchte Luftmassen. (→ ablandiger Wind)

Aufschüttungsebene (Seite 46)
Als Aufschüttungsebene bezeichnet man eine Ebene, in der Lockermaterial von Flüssen abgelagert wird, vor allem im Bereich von Flussauen. (→ Akkumulation)

Auslandsverschuldung (Seite 112)
Die Auslandsverschuldung ist der Gesamtbestand aller Schulden, die ein Staat gegenüber dem Ausland hat. Die → Entwicklungsländer mussten sich in den letzten Jahren bei den → Industrieländern immer mehr Geld leihen, um teure Fertigwaren bezahlen zu können.

Bad Governance (Seite 111)
(engl. „schlechte Regierungsführung“). Eine Bad Governance ist gekennzeichnet durch fehlende demokratische Beteiligungsmöglichkeiten der Bevölkerung, Günstlingswirtschaft und → Korruption.

Bevölkerungsdruck (Seite 108)
Krisenhafte Situation, die dann eintritt, wenn einer wachsenden Bevölkerung nicht genügend Wohnungen, Arbeitsplätze oder Nahrungsmittel zur Verfügung stehen.

Blizzard (Seite 13)
Schneesturm in Nordamerika, der durch arktische Kaltlufteinbrüche verursacht wird.

Bruttoinlandsprodukt (BIP) (Seiten 68, 98)
Summe aller volkswirtschaftlichen Leistungen (Produktion und Dienstleistungen), die innerhalb eines Landes in einem Jahr erbracht wurden. Enthalten sind die Vermögenswerte, die ins Ausland abgeführt wurden, aber nicht die Werte, die aus dem Ausland hineingeflossen sind.
Im Unterschied dazu enthält das Bruttonationaleinkommen (BNE) die Vermögenswerte, die aus dem Ausland in das Land geflossen sind, aber nicht die Werte, die ins Ausland abgeführt wurden.

Bruttonationaleinkommen (BNE) (Seite 103)
→ Bruttoinlandsprodukt (BIP)

City (Seite 20)
1. Im englischen Sprachraum wird jede größere Stadt als City bezeichnet (New York City – die Stadt New York).
2. In Europa ist die „City“ das Geschäfts- und Verwaltungsviertel einer Großstadt. Hier gibt es viele Arbeitsplätze, aber kaum Wohnungen. Häufig ist ein Teil der City als Fußgängerzone ausgewiesen.

Delta (Seite 46)
Eine ausgedehnte Flussmündung mit einem Netz von Seitenarmen. Ein Delta wird gebildet, indem der Fluss die mitgeführten Stoffe (z. B. Schlamm) ablagert und das Wasser sich neue Wege zum Meer bahnen muss. (→ Schwemmlandboden)

Dienstleistungssektor (Seite 29)
(auch tertiärer Sektor). Der Teil der Wirtschaft, der Dienstleistungen erbringt: Handel, Banken, Verkehr, Tourismusgewerbe, Verwaltung, Bildungs- und Gesundheitswesen, freie Berufe (Ärzte, Rechtsanwälte, Architekten usw.). (→ Wirtschaftssektor)

Disparität (Seite 66)
(von lat. „disparatum“: abgesondert, getrennt). Unausgeglichenheit der Lebensbedingungen und Entwicklungsmöglichkeiten in verschiedenen Regionen:

Wirtschaftlich gut entwickelte Regionen grenzen sich von wenig entwickelten Regionen ab.

Entwicklungsland (Seiten 99, 78)
Land, das im Vergleich zu einem → Industrieland weniger entwickelt ist. Entwicklungsländer werden auch „Dritte Welt“ genannt. Sie weisen typische Merkmale auf, z. B. ein hohes Bevölkerungswachstum, unzureichende Nahrungsmittelversorgung oder auch Kinderarbeit.

Entwicklungsprojekt (Seiten 115, 120)
Programm zur Förderung der Entwicklung eines Landes oder Gebietes. Es gibt viele verschiedene Arten von Projekten, z. B. die Errichtung eines Staudammes, eine Aufklärungskampagne zu HIV/AIDS oder den Bau einer Schule. Die meisten Entwicklungsprojekte werden in → Entwicklungsländern durchgeführt. (→ nachhaltige Entwicklung)

Erosion (Seite 46)
Die Abtragung von Boden und Gestein durch fließendes Wasser, Eis oder Wind.

Ethnic Neighbourhood (Seite 25)
Stadtgebiet, in dem sich Einwanderer mit gleicher Nationalität angesiedelt haben. Neben Wohnhäusern gibt es hier meist auch Geschäfte, Restaurants und Cafés, die landestypische Lebensmittel, Zeitungen, Speisen oder Getränke anbieten. Ein bekanntes Beispiel sind die Chinatowns in zahlreichen Großstädten.

Fairer Handel (Seite 122)
(auch „Fair Trade“). Gemeint ist damit ein Handel ohne benachteiligende Handelsbeschränkungen (Zölle, Einfuhrbestimmungen) oder übervorteilende Preise. Die Erzeuger erhalten so einen angemessenen Preis, der ihnen menschenwürdige Lebensbedingungen sichert.

Freihandelszone (Seite 78)
(auch Freihandelsabkommen). Gemeinschaftlicher Zusammenschluss zweier oder mehrerer Länder, durch den beim Import und Export keine Zölle oder andere Abgaben voneinander verlangt werden.

Geburtenrate (Seite 57)
Die Zahl der geborenen Kinder pro 1000 Einwohner (Angabe in Promille) oder pro 100 Einwohner (Angabe in Prozent) in einem Land oder einer Region innerhalb eines Jahres. (→ Sterberate, → Wachstumsrate)

Global City (Seite 24)
Millionenstadt, die weltweit von besonderer wirtschaftlicher Bedeutung ist, z. B. als Finanzzentrum oder als Hauptsitz zahlreicher global tätiger Unternehmen (z. B. New York, London, Tokio). (→ Globalisierung)

Global Player (Seiten 32, 76, 82)
Ein Unternehmen, das Produktionsstandorte in der ganzen Welt hat und den → Weltmarkt beliefert, wie z.B. Coca Cola, Apple, VW. (→ Globalisierung)

Global Sourcing (Seite 80)
Einkaufsstrategie von Industriebetrieben. Dabei werden Rohstoffe und Vorprodukte weltweit bezogen, wobei die Vorprodukte oft nach Vorgaben des jeweiligen Betriebes hergestellt werden. (→ Globalisierung)

Globalisierung (Seite 76)
Zunahme der weltweiten Verflechtung der Staaten der Erde untereinander, die durch moderne Kommunikationsmittel wie z. B. das Internet gefördert wird.
Als Globalisierung bezeichnet man aber auch die Strategie der Großfirmen, im Ausland neue Betriebe zu gründen, wodurch sie Steuererleichterungen, preiswertes Gelände, gering bezahlte Arbeitskräfte nutzen, um billiger zu produzieren.

Grüne Revolution (Seite 128)
Programm zur Modernisierung der Landwirtschaft und damit Steigerung der Erträge: durch Anbau neuer Getreidesorten, Bewässerung, Düngung und den Einsatz von Pflanzenschutzmitteln. Der Begriff wurde zunächst nur für ein Programm in Indien, später jedoch auch allgemein verwendet.

Grundbedürfnis (Seite 96)
Mindestbedarf, den ein Mensch zum Leben braucht. Die wichtigsten Grundbedürfnisse sind Nahrung, Trinkwasser, Kleidung, Unterkunft, Bildung, Arbeit und ärztliche Versorgung.

Hilfsorganisation (Seite 115)
In vielen Ländern der Erde gibt es Vereinigungen, die Menschen in Not helfen wollen. Man nennt sie Hilfsorganisationen. Dazu gehört z. B. UNICEF, das Kinderhilfswerk der Vereinten Nationen.

Human Development Index (HDI) (Seite 101)
Maßeinheit, mit der die Vereinten Nationen (UNO) seit 1992 den Entwicklungsstand aller Länder bestimmen. Dabei werden die Lebenserwartung, der Anteil der → Analphabeten, die durchschnittliche Dauer des Schulbesuchs und das → Bruttoinlandsprodukt berücksichtigt. Resultat ist eine Rangfolge der Länder der Erde vom höchsten bis zum niedrigsten HDI.

Hurrikan (Seite 14)
Heftiger, tropischer Wirbelsturm von großer Ausdehnung, der über warmem Wasser (> 27 °C) entsteht. Seine Bahn verläuft wegen der Erdrotation zuerst westlich, dann zunehmend nördlich. Auf seinem Weg richtet er schwere Verwüstungen an.

Individualverkehr (Seite 20)
Wer sich mit einem Fahrzeug (Fahrrad, Motorrad, Auto) selbstständig fortbewegt, nimmt am Individualverkehr teil. Der Individualverkehr mit dem Pkw verursacht große Umweltprobleme. Viele Innenstädte sind durch Autos verstopft. Menschen leiden durch Unfälle, Abgase und Lärm.

Industrie- und Gewerbeviertel (Seite 20)
Stadtviertel einer Großstadt. Es liegt meist verkehrsgünstig am Rand einer Stadt. Hier gibt es Fabriken, Handwerksbetriebe, Lagerhallen und Geschäfte, die besonders viel Platz brauchen, wie Möbelhäuser, Autohäuser und Einkaufszentren.

Industrieland (Seite 99)
Im Vergleich zu einem → Entwicklungsland weit entwickeltes Land mit einem entsprechend hohen → Bruttoinlandsprodukt pro Einwohner. Weitere Merkmale von Industrieländern sind ein hoher Anteil an Beschäftigten im → Dienstleistungssektor und in der Industrie sowie eine gut ausgebaute → Infrastruktur. Die → Grundbedürfnisse der meisten Menschen sind hier erfüllt.

informeller Sektor (Seite 111)
Für → Entwicklungsländer typischer, offiziell nicht erfasster Bereich des Klein- und Dienstleistungsgewerbes (z. B. Straßenhandel, Schuhputzer). Obwohl keine Steuern an den Staat gezahlt werden, wird der informelle Sektor geduldet, da in ihm große Teile der Bevölkerung ein Auskommen finden.

Infrastruktur (Seiten 30, 99)
Dazu zählen alle Einrichtungen, die zur Entwicklung eines Raumes notwendig sind, wie Verkehrswege, Wasser- und Stromleitungen, Entsorgungsanlagen, Kommunikationsnetze, Bildungs- und Erholungseinrichtungen sowie Krankenhäuser.

Joint Venture (Seiten 84, 126)
Zusammenarbeit von Unternehmen, um ein gemeinsames Projekt durchzuführen. Häufig kommen diese Unternehmen aus verschiedenen Ländern, z. B. aus einem → Industrieland und einem → Entwicklungsland. (→ Globalisierung)

Just-in-time (JIT)-Fertigung (Seite 84)
Organisation der Zulieferung von Teilen, die bei der Produktion gebraucht werden. Der Hersteller bestellt aus Kostengründen erst dann bei den einzelnen Zulieferern, wenn der Lagerbestand zur Neige geht.

Korruption (Seite 111)
(von lat. „corrumpere“: bestechen, verderben, verfälschen). Form der Bestechung, z. B. durch das Versprechen eines Vorteils, Erpressung oder Zahlung von Bargeld, sogenanntem Schmiergeld, von einem Geber an einen Nehmer. Bei dieser illegalen Handlung entstehen sowohl für den Nehmer als auch für den Geber Vorteile.

Landflucht (Seite 108)
Abwanderung der ländlichen Bevölkerung in die Städte wegen der schlechten Lebens- und Arbeitsverhältnisse auf dem Land. Verbreitete Erscheinung in → Entwicklungsländern.

Landreform (Seite 108)
Neue Verteilung des Grundbesitzes. Dabei wird der Großgrundbesitz auf einzelne Kleinbauern oder Genossenschaften aufgeteilt.

Lean Production (Seite 84)
(engl. „schlanke Produktion“). In Japan entwickelte Art, Industrieerzeugnisse herzustellen. Wichtigste Merkmale sind: Teamarbeit, Ausführung der Teilfertigung durch jedes Mitglied einer Gruppe, Beseitigung von Fehlern bereits während der Produktion und Automatisierung der Materialzulieferung (→ Just-in-time-Fertigung). Durch Lean Production konnten z. B. in der Autoindustrie der Zeit- und Kostenaufwand verringert und die Produktion erhöht werden.

Least Developed Country (LDC) (Seite 101)
Land in der Gruppe von → Entwicklungsländern, die laut Veröffentlichung der Vereinten Nationen (UNO) am wenigsten entwickelt sind. Die Zuordnung erfolgt unter anderem anhand des → Bruttoinlandsprodukts pro Kopf, der Lebenserwartung und des Bildungsstandes der Menschen.

Löss (Seite 47)
Ablagerung von fein zerriebenem Gesteinsstaub während einer Eiszeit. Der darauf entstandene Boden ist besonders fruchtbar, da er meist tiefgründig und locker ist und schwammartig Wasser speichern kann. In Norddeutschland befinden sich Böden auf Löss am Rand der Mittelgebirge, in den Börden. In Süddeutschland liegen sie in den Gäulandschaften.

Mangelernährung (Seite 97)
Unzureichende Ernährung infolge fehlender oder in nicht ausreichender Menge vorhandener lebensnotwendiger Stoffe, z. B. Eiweiß und Vitamine. Die Bewohner vieler → Entwicklungsländer leiden unter Mangelernährung. (→ Unterernährung)

Migration (Seite 66)
Die Wanderung von Menschen, die mit einem längerfristigen Wechsel des Wohnsitzes verbunden ist. Gründe für die Migration können die Suche nach einem Arbeitsplatz, aber auch die Flucht vor Umweltkatastrophen, Hunger oder Krieg sein. Emigration bezeichnet die Auswanderung, Immigration die Einwanderung in ein Land oder eine Region.

Millenniumsziel (Seite 120)
Konkrete Zielsetzung zur Verbesserung der Lebensbedingungen der Menschen in den → Entwicklungsländern bis 2015. Die Millenniumsziele wurden von den Staats- und Regierungschefs aus 150 Ländern im Jahr 2000 verabschiedet.

Mittelzentrum (Seite 21)
→ Zentraler Ort mittlerer Stufe, der die Bevölkerung seines Einzugsgebietes mit Gütern und Dienstleistungen des mittelfristigen (gelegentlichen) gehobenen Bedarfs versorgt. Dazu gehören Fachgeschäfte, Rechtsanwälte, Fachärzte, Krankenhäuser, Gymnasien, Sportstätten und Behörden auf Landkreisebene. Darüber hinaus sind in einem Mittelzentrum die Einrichtungen eines → Unterzentrums vorhanden.

Monsun (Seite 50)
Beständig wehender, halbjährlich die Richtung wechselnder Wind in den Tropen und Subtropen.

nachhaltige Entwicklung (Seite 124)
Entwicklung, deren Ziel es ist, dass nicht nur eine kurzfristige, sondern eine langfristige Verbesserung der Lebensbedingungen der Menschen erzielt wird. Dabei wird vor allem auf die Schonung der Umwelt geachtet. Nachhaltige Entwicklung beinhaltet auch eine nachhaltige Verbesserung der → Grundbedürfnisse der Menschen.

Nationalpark (Seite 10)
Großes Gebiet mit besonders schönen oder seltenen Naturlandschaften. Es gelten besondere Schutzbestimmungen, um die Tier- und Pflanzenwelt zu erhalten. Durch die Einteilung in Zonen mit unterschiedlich strengen Bestimmungen werden Naturschutz und Nutzung durch den Menschen geregelt.

Norther (Seite 13)
Arktischer Kaltlufteinbruch in Nordamerika, der weit nach Süden vordringen kann und an der Küste des Golfs von Mexiko und in Florida die Ernten gefährdet.

Oberzentrum (Seite 21)
→ Zentraler Ort (Stadt) oberster Stufe mit der höchsten Bedeutung in seinem Einzugsgebiet. Er versorgt seine Bevölkerung mit hoch- und höchstwertigen Gütern und Dienstleistungen. In einem Oberzentrum findet man z. B. zahlreiche Spezialgeschäfte und Warenhäuser, obere Behörden, Spezialkliniken, Hochschulen, Museen, Theater sowie ein umfangreiches Angebot an Arbeitsplätzen. Darüber hinaus sind in einem Oberzentrum Einrichtungen der → Mittel- und → Unterzentren vorhanden.

Öffentlicher Personennahverkehr (ÖPNV) (Seite 20)
Personenverkehr mit Bussen und Bahnen innerhalb von Städten sowie zwischen Städten und ihrem Umland.

Outsourcing (Seite 84)
Die Auslagerung von Teilen der Produktion und der Dienstleistungen mit dem Ziel, Kosten zu sparen; häufig im Rahmen von → Lean Production. So kann z. B. ein amerikanisches Unternehmen sein Kundenservice-Center nach Indien verlagern, da die Menschen dort sehr gut Englisch sprechen und zu deutlich niedrigeren Löhnen arbeiten als in den USA. Durch die → Globalisierung hat das Outsourcing deutlich zugenommen und trägt zusätzlich zur weiteren Vernetzung der Welt bei.

Pendler (Seite 21)
Berufstätiger, der seinen Arbeitsplatz nicht an seinem Wohnort hat und täglich zwischen Wohn- und Arbeitsort hin und her fährt, d. h. pendelt. Neben Berufspendlern gibt es auch Bildungs- und Einkaufspendler.

primärer Sektor (Seite 68)
→ Wirtschaftssektor

Primatstadt (Seite 110)
Stadt, die in ihrer Bevölkerungszahl, Wirtschaftskraft und politischen Macht alle anderen Städte eines Landes deutlich übertrifft. Beispiele sind unter anderem Paris in Frankreich, Moskau in Russland oder Mexiko-Stadt in Mexiko.

Produktivität (Seite 99)
Verhältnis der Herstellungskosten zu den produzierten Mengen oder zum Produktionswert. Die Produktivität steigt, wenn bei gleichem Einsatz von Arbeit oder Kapital das Produktionsergebnis erhöht wird.

Pullfaktor (Seite 110)
Auslösende Ursache für die Wanderung von Menschen aus Räumen mit geringer Attraktivität in Räume mit vermeintlich hoher Attraktivität. Pullfaktoren sind Anziehungskräfte des Zuwanderungsgebietes (z. B. Hoffnung auf Arbeit, auf Einkommen). Sie führen zur Verstädterung. (→ Pushfaktor)

Pushfaktor (Seite 108)
Auslösende Ursache für die Wanderung von Menschen aus Räumen mit geringer Attraktivität in Räume mit vermeintlich hoher Attraktivität. Pushfaktoren (z. B. keine Arbeitsmöglichkeiten, geringes Einkommen) bewegen die Menschen zum Verlassen einer Region. Sie führen häufig zur → Landflucht. (→ Pullfaktor)

Relief (Seiten 19, 44)
Bezeichnung für die Oberflächenformen der Erde, z. B. Gebirge oder Täler.

Ressource (Seite 130)
(franz. „la ressource": „Mittel, Quelle". Rohstoff, der noch nicht erschlossen wurde und als Ausgangsmaterial genutzt werden kann, z. B. für die Produktion oder die Energiegewinnung, wie Bodenschätze oder Wasser.

Rundhöcker (Seite 8)
→ Relief, das durch die Bewegung von Gletschern entstanden ist. Rundhöcker haben eine glatt geschliffene Oberfläche, eine gerundete abgeflachte Seite in der Richtung, aus der das Eis kam, und eine steile Kante auf der dem Eis abgewandten Seite.

Schwarzerdeboden (Seite 51)
Durch einen hohen Gehalt an Humus (entstanden aus abgestorbenen Pflanzen und Tieren) schwarz gefärbter Boden. Schwarzerdeboden ist besonders fruchtbar.

Schwemmlandboden (Seite 51)
Boden im Unterlauf von Flüssen, der aus abgelagerten feinkörnigen Sedimenten entstanden ist. Wegen seiner meist hohen Fruchtbarkeit wird er in der Regel landwirtschaftlich genutzt. (→ Akkumulation)

Sedimentation (Seite 46)
→ Akkumulation

Seitenerosion (Seite 46)
Abtragung des Gesteins und der Lockersedimente, z. B. Kies oder Sand, am Ufer eines Flusses. Seitenerosion ist am Unterlauf eines Flusses und bei träge fließenden Flüssen besonders ausgeprägt. Sie führt zu einer Verbreiterung des Flussbettes. (→ Erosion)

sekundärer Sektor (Seite 68)
→ Wirtschaftssektor

Shopping Mall (Seite 23)
Eine Shopping Mall in den USA ist ein großes Einkaufszentrum mit vielen Einzelgeschäften, teilweise Kaufhäusern, Restaurants, Cafés und Freizeiteinrichtungen. Sie liegt meist verkehrsgünstig an einer großen Straße, hat viele Parkplätze und ist voll klimatisiert.

Slum (Seiten 23, 111)
(auch Elendsviertel). Wohngebiet mit schlechten baulichen Verhältnissen (oft Hütten), meist ohne Wasser- und Stromnetz. Slums werden oft von Minderheiten und benachteiligten Gruppen bewohnt. Die meisten → Grundbedürfnisse der Menschen können hier nicht befriedigt werden.

Sonderwirtschaftszone (Seite 66)
Eine Sonderwirtschaftszone ist ein abgegrenztes Gebiet innerhalb eines Staates, in dem die Gesetzgebung in Bezug auf das Wirtschafts- und Steuerrecht anders ist als im Rest des Staates. Das Ziel der Einrichtung einer solchen Zone ist für gewöhnlich die Steigerung von in- und ausländischen Investitionen.

Stadtviertel (Seite 20)
Jede Stadt besteht aus verschiedenen Stadtvierteln, in denen eine ganz bestimmte Funktion vorherrschend ist, z. B. → City, → Wohnviertel, → Industrie- und Gewerbeviertel, Erholungsviertel.

Standortfaktor (Seite 110)
Wenn ein Betrieb sich an einem bestimmten „Stand-Ort" ansiedelt, so sind dafür bestimmte Gründe, die Standortfaktoren, ausschlaggebend, wie vorhandene Arbeitskräfte, gute Verkehrsanbindung usw. Dabei sind harte Standortfaktoren genau finanziell messbar (z. B. Arbeitskosten, Verkehrsanbindung). Weiche Standortfaktoren sind nur schwer messbar (z. B. günstige Wohnsituation, gutes Freizeitangebot, Theater, Museen).

Sterberate (Seite 57)
Die Zahl der Gestorbenen pro 1000 Einwohner (Angabe in Promille) oder pro 100 Einwohner (Angabe in Prozent) in einem Land oder einer Region innerhalb eines Jahres. (→ Geburtenrate, → Wachstumsrate)

Suburb (Seite 22)
Englische Bezeichnung für „Vorstadt". Ein Suburb ist ein Wohngebiet, oft durchmischt mit Gewerbe, in US-amerikanischen Städten. Suburbs liegen entweder am Stadtrand oder in kleiner

Entfernung zur Stadt als abgeschlossene Siedlungen. (→ Suburbanisierung)

Suburbanisierung (Seite 22)
Unter diesem Begriff versteht man die Ausdehnung einer Stadt in ihr Umland durch Wohnbebauung, Industrie- und Dienstleistungsbetriebe.

Sweatshop (Seite 86)
Bezeichnung für einen produzierenden Betrieb (Handwerksbetrieb oder Fabrik) mit sehr niedrigen Löhnen und schlechten Arbeitsbedingungen, z. B. ohne Arbeitsschutz. Meist arbeiten hier Frauen.

Terms of Trade (Seite 112)
Verhältnis zwischen Exportpreisen (Preise für Güter, die ins Ausland geliefert werden) und Importpreisen (Preise für Güter, die vom Ausland ins Inland geliefert werden). Das Verhältnis verschlechtert sich für ein Land, wenn z. B. die Exportpreise fallen und die Importpreise steigen oder die Exportpreise langsamer steigen als die Importpreise.

tertiärer Sektor (Seite 68)
→ Dienstleistungssektor, → Wirtschaftssektor

Teufelskreis der Armut
(Seiten 109, 116)
Arbeitslosigkeit der Erwachsenen führt zu Armut und gegebenenfalls einer Verschuldung der Familie. Zur Ernährung der Familie und Abzahlung der Schulden müssen die Kinder arbeiten gehen anstatt eine Schule zu besuchen. Daher haben sie später als Erwachsene schlechte Chancen eine Arbeitsstelle zu finden und sind selbst von Arbeitslosigkeit und Armut betroffen.

Tiefenerosion (Seite 46)
Abtragung des Gesteins und der Lockersedimente, z. B. Kies oder Sand, am Grund eines Flusses. Tiefenerosion ist am Oberlauf eines Flusses und bei schnell fließenden Flüssen besonders ausgeprägt und führt zu einer Vertiefung des Flussbettes. (→ Erosion)

Tornado (Seite 15)
Extrem starker Wirbelsturm in Nordamerika, der sich durch das Aufeinandertreffen von warmer und kalter Luft bilden kann.

Triade (Seite 78)
Das Wirtschaftsgeflecht zwischen EU, USA und Japan.

Trogtal (Seite 8)
(auch U-Tal) Tal, das von einem Gletscher zu einer trogartigen Form mit breiter Talsohle ausgeschürft wurde.

Unterernährung (Seite 97)
Unzureichende Versorgung mit Nahrungsmitteln; der tägliche Joule-/Kalorienbedarf kann nicht gedeckt werden. Unterernährung führt auf Dauer zu einer erheblichen Schwächung des Körpers, zu Krankheit oder gar zum Tod. (→ Mangelernährung)

Unterzentrum (Seite 21)
→ Zentraler Ort unterster Stufe zur Versorgung eines Nahbereichs mit Gütern und Dienstleistungen des täglichen bis mittelfristigen Bedarfs. Dazu zählen z. B. Lebensmittelgeschäfte, Sparkassen, praktische Ärzte, Apotheken, kleinere Sportstätten sowie Grundschulen, teilweise auch Gemeinschaftsschulen.

Wachstumsindustrie (Seite 126)
Branche, bei der auch in Zukunft überdurchschnittliches wirtschaftliches Wachstum mit positiven Auswirkungen für die übrige Wirtschaft zu erwarten ist (z. B. in → Industrieländern die Freizeitbranche, in → Entwicklungsländern die Bauindustrie).

Wachstumsrate (Seite 57)
→ Geburtenrate abzüglich der → Sterberate. Eine hohe Wachstumsrate der Bevölkerung ist kennzeichnend für ein → Entwicklungsland.

Weltmarkt (Seiten 108, 122)
Bezeichnung für einen räumlich nicht zu bestimmenden Markt, auf dem Waren und Leistungen weltweit von Unternehmen oder ganzen Volkswirtschaften gehandelt werden. Die Preise für Güter am Weltmarkt, z. B. Rohstoffe, werden als Weltmarktpreise bezeichnet.

Wirtschaftssektor (Seiten 68, 26)
Wirtschaftsbereich, in dem ähnliche Wirtschaftszweige zusammengefasst sind. Unterschieden werden der primäre Sektor (Gewinnung von bergbaulichen und pflanzlichen Rohstoffen), der sekundäre Sektor (Industrie und Handwerk) sowie der tertiäre Sektor (Dienstleistungen).

Wohnviertel (Seite 20)
Stadtviertel einer Großstadt. Hier stehen überwiegend Wohnhäuser (Wohnblocks, Einzel- oder Reihenhäuser).

Zentraler Ort (Seite 21)
Stadt, deren Infrastruktur-Einrichtungen nicht nur der eigenen Bevölkerung, sondern auch der eines näheren oder weiteren Umlandes („Einzugsbereich“) dienen. Je nach Bedeutung (Angebot und Einzugsbereich) unterscheidet man → Oberzentrum, → Mittelzentrum und → Unterzentrum.

Aufgabenstellungen – richtig verstehen und lösen

Schwierigkeitsgrade

■ = einfache Aufgabe, ■■ = schwierige Aufgabe, ■■■ = sehr schwierige Aufgabe

analysieren ■■	Schwierige Sachverhalte in Teilthemen untergliedern und die Zusammenhänge herausarbeiten und aufzeigen.
auflisten ■	Eine Liste von Sachverhalten oder Gegenständen ohne Erklärung anlegen.
auswerten ■■	Die Aussagen von Materialien (Texten, Karten, Bildern) herausfinden und zusammenstellen.
begründen ■■	Für einen bestimmten Sachverhalt Argumente finden und aufschreiben.
beschreiben ■	Die Aussagen von Materialien (Texten, Karten, Bildern) mit eigenen Worten wiedergeben.
bestimmen, ermitteln ■	Einen Sachverhalt oder einzelne Begriffe in Texten und Materialien herausfinden.
beurteilen ■■■	Auf der Grundlage von Fachkenntnissen und der Analyse von Materialien einen Sachverhalt ohne persönliche Bewertung einschätzen.
bewerten ■■■	Auf der Grundlage von Fachkenntnissen und der Analyse von Materialien einen Sachverhalt einschätzen und eine sachlich begründete eigene Meinung darlegen.
charakterisieren ■■	Einen Raum oder einen Sachverhalt auf der Grundlage bestimmter Gesichtspunkte begründet vorstellen.
darstellen ■	Die Aussagen von Materialien (Texten, Karten, Bildern) geordnet als Text oder Schemazeichnung verdeutlichen.
diskutieren ■■■	Zu einem Sachverhalt Argumente zusammenstellen und daraus eine begründete Bewertung entwickeln.
einordnen ■■	Einen Sachverhalt auf der Grundlage einzelner Gesichtspunkte in einen Zusammenhang stellen.

entwickeln ■■■	Vorschläge und Maßnahmen vorstellen, die zu einer weiterführenden oder anderen Betrachtung eines Sachverhalts beitragen.
erarbeiten ■■	Aus Texten und Bildern Sachverhalte herausfinden, die nicht klar benannt sind, und Zusammenhänge zwischen ihnen herstellen.
erklären ■■	Ursachen und Folgen bestimmter Sachverhalte in einen Zusammenhang bringen und deuten.
erläutern ■■	Sachverhalte auf der Grundlage verschiedener Informationen verdeutlichen.
erörtern ■■■	Einen Sachverhalt unter Abwägen von Pro- und Contra-Argumenten klären und abschließend eine eigene begründete Meinung entwickeln.
interpretieren ■■■	Materialen (Texte, Karten, Bilder) auswerten, Zusammenhänge verdeutlichen, den Sinn erfassen und Schlussfolgerungen ziehen.
lokalisieren ■	Finden eines Raumbeispiels (Stadt, Staat) auf einer Karte und Beschreibung der Lage (z. B. Himmelsrichtung auf einem Kontinent, in der Nähe großer Flüsse oder Gebirge).
nennen, benennen ■	Sachverhalte oder Informationen ohne Erklärung wiedergeben.
prüfen, überprüfen ■■■	Aussagen auf der Grundlage eigener Kenntnisse oder mithilfe zusätzlicher Materialien auf ihre Angemessenheit und Richtigkeit hin untersuchen.
Stellung nehmen ■■■	Auf der Grundlage von Fachkenntnissen und der Analyse von Materialien einen Sachverhalt einschätzen und eine sachlich begründete eigene Meinung darlegen.
vergleichen ■■	Gemeinsamkeiten und Unterschiede zwischen zwei oder mehreren Sachverhalten oder Räumen erfassen und verdeutlichen.

Bildquellen

A1PIX–Your Photo Today, Taufkirchen: 75 (Paul Thuysbaert); Adam Opel AG, Rüsselsheim: 85 M3; Baaske Cartoons, Müllheim: 104 M1 (Striepecke), 135 unten (Liebermann); Bergmann, Sebastian: 26 M3 (wikipedia.org); Bettermann, A., Wendhausen: 88 M2 rechts; Bettermann, L., Wendhausen: 86 M2; BMZ, Berlin: 125 M4 links; Bohle, H.-G., Bonn: 99 M4 unten; Böthling, Jörg, Hamburg: 126 M1; Castelle, Essen: 78 M1 rechts; CentrO Management GmbH, Oberhausen: 95 M1; Cinetext Bildarchiv, Frankfurt/Main: 34 M1 links, 34 M1 rechts (Walt Disney Studios); Colditz, M., Halle: 45 M4, 53 M3, 53 M4; Deiseroth, D., Niederaula: 92.1 e; Deutsche Stiftung Weltbevölkerung, Hannover: 97 M4 oben, 97 M4 unten, 135.4 rechts oben; Deutsche Welthungerhilfe, Bonn: 119, 125 M6 (Schmid); dreamstime.com, Brentwood: 10 M2 (Miele), 19 M3 (Clearviewstock), 24 M4 (Americanspirit), 25 M7 (Sean Pavone), 28 M1 (Alinauritskaya), 28 M2, 28 M3 (Lyngbyvej), 41 M5 h (Jeremyrichards), 41 M5 i (Daniela Lenzinger), 44 M1 (Wujowie), 47 M3 2. v. links (Xidong Luo), 49 M5 (Streetka2004), 58 M3 (Eprom), 110 M2 (Photochris), 111 M4 (Pxhidalgo), 115 M6 (Farbled), 127 M2 (Noppasinw), 127 M3 (Djembe), 128 M1 (Aleksandrn), 129 M5, 135 4. rechts unten (Giovanni De Caro); Druwe & Polastri, Weddel: 68 M2 rechts, 76 M1 c, 130 M1, 133 M6; eBay Deutschland, Kleinmachnow: 30 M3 links; Electronic Arts, Köln: 30 M3 Mitte links; Engagement Global, Bonn: 123 M4; Folhapress, São Paulo: 115 M4; fotolia.com, New York: 15 M5 (Minverva Studio), 24 M3 (noel moore), 32 M1 (Fuzzphoto), 40 M3 (leungchopan), 41 M5 b (Maygutyak), 45 M3 (Helena), 51 M4 (D. Ott), 68 M2 links (hjschneider), 69 M4 (Gainford Girl), 87 3. v. oben (Yuri Arcurs), 99 M4 oben (Pavel Losevsky); Fraport AG, Frankfurt/Main: 78 M1 links; Getty Images, München: 39 (China Photos); Grameen Foundation, Washington: 25 M6 (Courtesy); Gruschke, Freiburg: 45 M6; Haitzinger, München: 105 M3; Hanel, Bergisch Gladbach: 105 M2; iStockphoto, Calgary: 7 (amriphoto), 11 M3 (photoquest7), 13 M4 (Parker Deen), 15 M4 (Parker Deen), 23 M6 (nazdravie), 23 M7 (mvp64), 27 M5 (Slobo Mitic), 31 M3 Mitte (Google) (tomch), 31 M3 Mitte rechts (iPhone) (LICreate), 35 M2 links, 41 M5 d) (Terraxplorer), 47 M3 2. v. rechts (George Burba), 51 M3 (Heiko Honsa), 55 M2 (Serdar Yagci), 56 M1, 63 M3, 67 M3 (winhorse), 67 M5, 70 M5, 77 M1 d, 87 2. v. oben (Bijoy Verghese), 92.1 d (typo-graphics), 109 M3, 114 M1; Jung, D., Hannover: 92.1 b; Kraas, Frauke, Köln: 94 M2 links; Krämer, T., Heiligenwald: 45 M5, 56 M3; Latz, W., Linz: 113 M2; Lineair Fotoarchief, Berlin: 129 M2 (Edwards); Marcus, F., NL-Nijmengen: 121 M1; Mauritius, Mittenwald: 64 M5 links (Macia), 65 M5 rechts (Macia); MEV Verlag, Augsburg: 87 1. v. oben; National Informatics Centre (NIC) & District Administration, Anantapur: 40 M2 (The Superentinding Engineer, High Level Canal, Irrigation Department, Anantapur); Nebel, J., Muggensturm: 73 Mitte; NOAA, Washington: 14; Nußbaum, D., Koblenz: 36; Pachner, H., Stuttgart: 121 M2; Panther Media, München: 115 M5 (C. Walenzyk); Pauly, F., Erfurt: 20 M1, 20 M2; Peterhoff, F., Lenggries: 35 M2 rechts; Picture-Alliance, Frankfurt/M.: 58 M2 (Imagechina), 70 M3 (Xie Zhengyi), 83 M3 (Imaginechina/Gao yuwen), 121 M3 (EPA/Albadri); Plan International Deutschland, Hamburg: 132 M3; Protze, N., Halle/Saale: 41 M5 e; Schmidtke, K.-D., Melsdorf: 87 4. v. oben; Schönauer-Kornek, Wolfenbüttel: 16 M2, 17 M3, 17 M4, 37, 43 oben; Seeber, C., Berlin: 41 M5 a, 49 M3, 49 M6; Shutterstock, New York: 41 M5 c (Norman Pogson), 95 M2 rechts (Kaetana); Simper, M., Wennigsen: 30 M2; SÜDWESTRUNDFUNK, Stuttgart: 133 M7 (Henrik Hoffmann); Tekülve, R., Essen: 76 M1 b, 77 M1 e, 80 M2, 88 M1, 89 M3; Thiem, F., Mühlberg: 41 M5 f; ThyssenKrupp AG, Essen: 68 M2 Mitte; TransFair, Köln: 122 M2, 123 M5, 134 2. (B. Dünkelmann); UNHCR Germany, Berlin: 124 M3 (P. Taggart); UNICEF Deuschland, Köln: 124 M2 (Christine Nesbitt); Volkswagen AG, Wolfsburg: 70 M4, 92.1 c; Weingut Ludger Veit, Osann-Monzel: 108 M2; wikipedia.org: 41 M5 g; Wu Ning, Chengdu: 88 M2 links; WWF Deutschland, Berlin: 135 4. links; www.worldmapper.org: 71 M6; Ärzte ohne Grenzen, Berlin: 125 M4 rechts (Sofie Stevens).

Dieses Buch enthält Beiträge von: Matthias Baumann, Kerstin Bräuer, Andreas Bremm, Margit Colditz, Thomas Eck, Dieter Engelmann, Timo Frambach, Peter Gaffga, Wolfgang Gerber, Horst Gräning, Gerhild Haller, Stefan Hauri, Ute Irmscher, Simone Kanter, Norma Kreuzberger, Rainer Lacler, Wolfgang Latz, Hans Walter Lorang, Frank Müller, Jürgen Nebel, Frank Prehl, Notburga Protze, Simone Reutemann, Doris Steinberg, Dietrich Strohbach, Rita Tekülve, Christine Wanker, Christoph Weigert, Dorothea Wiktorin, Michael Witzel.

Die Erde – politisch